中国碳市场与环境影响研究

蔡博峰　曹丽斌　吕　晨　朱淑瑛 / 著

中国环境出版集团 · 北京

图书在版编目（CIP）数据

中国碳市场与环境影响研究 / 蔡博峰等著. -- 北京:中国环境出版集团, 2022.9
ISBN 978-7-5111-5295-4

Ⅰ. ①中… Ⅱ. ①蔡… Ⅲ. ①二氧化碳－排污交易－研究－中国 Ⅳ. ①X511

中国版本图书馆CIP数据核字(2022)第159400号

本书系国家自然科学基金资助项目（71673107）研究成果

出 版 人 武德凯
责任编辑 丁莞歆
责任校对 薄军霞
装帧设计 宋 瑞

出版发行 中国环境出版集团
（100062 北京市东城区广渠门内大街16号）
网 址：http://www.cesp.com.cn
电子邮箱：bjgl@cesp.com.cn
联系电话：010-67112765（编辑管理部）
010-67147349（第四分社）
发行热线：010-67125803，010-67113405（传真）
印装质量热线：010-67113404
印 刷 北京建宏印刷有限公司
经 销 各地新华书店
版 次 2022年9月第1版
印 次 2022年9月第1次印刷
开 本 787×960 1/16
印 张 8.75
字 数 140千字
定 价 68.00元

前言

碳排放权交易市场（碳市场）作为一种应对气候变化的重要制度工具，在全球得到了高度重视和较为广泛的应用。2021 年 1 月 1 日，中国全国碳市场第一个履约周期正式启动。碳排放权买卖必然会引起 CO_2 排放在空间（企业点源）上的转移和变化。在我国以化石能源为主的能源结构下，几乎所有的 CO_2 排放都伴随着大气污染物的产生和排放。因此，由企业碳排放权交易导致的碳排放空间转移必然驱动企业大气污染物排放的空间转移和污染物浓度空间分布的变化。研究碳市场对区域环境和健康造成的影响非常重要，若不充分评估和应对碳排放权交易的环境影响，就会忽视其可能带来的环境健康负面效应。

对中国碳市场的环境效应研究仍处于宏观和中观层面，并且主要以污染物排放量为评价指标，未能突出碳排放权交易中排放源个体的排放变化及其环境健康影响。根据国际前沿研究，碳市场的环境健康影响恰恰是不同空间位置的不同排放企业对其周边公众健康的影响。

本书建立了从微观排放源到宏观区域环境健康影响的研究方法，从企业层面自下而上地建立了温室气体排放和污染排放环境健康影响集成模型——温室气体和污染物协同管理模型，紧密围绕企业温室气体排放变化—污染物排放空间分布变化—公众环境健康影响变化评估企业在不同温室气体排放水平下的公众环境健康影响水平。通过对湖北省碳市场的实证研究我们发现，在碳市场的影响下确实可能有局部地区的环境健康整体效应发生了改变。本书在最后的部分提出了政策建议，以供决策者参考。

由于作者学识水平有限，书中疏漏在所难免，敬请读者批评指正。

蔡博峰

2022 年 5 月 19 日

目录

缩略词注解

缩略词注解

CCER	国家核证自愿减排量
CCR	成本控制储备机制
CCS	CO_2 捕集与封存
CCUS	CO_2 捕集、利用与封存
CCX	芝加哥气候交易所
CDM	清洁发展机制
CEA	碳排放配额
CEMS	烟气排放连续监测系统
CERs	核证减排量
ECR	排放控制储备机制
ETS	碳交易机制
EU ETS	欧盟碳市场
ICAP	国际碳行动伙伴组织
IPCC	联合国政府间气候变化专门委员会
JI	联合履约机制
MRV	监测、报告、核查
RGGI	区域温室气体减排行动
US EPA	美国国家环保局
VCO	自愿碳抵消
WCI	西部气候倡议
GDP	国内生产总值

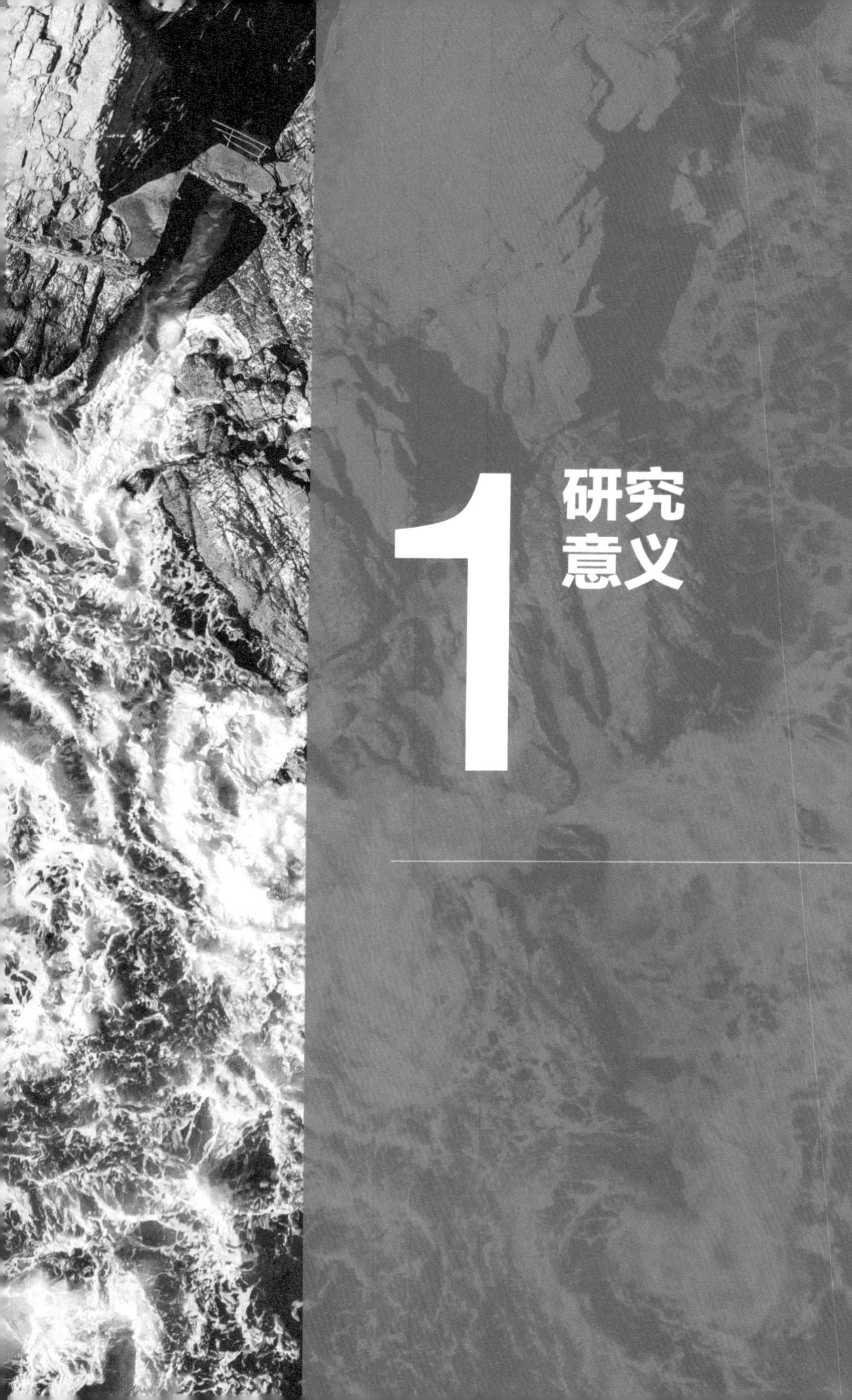

1 研究意义

1.1 管理需求

首先，碳排放权交易市场（以下简称碳市场）在中国发展迅速，并得到了高度重视，全国性碳市场将在中国应对气候变化、调整能源结构和改善环境质量的过程中发挥重要作用，但其对环境健康的影响尚未得到足够重视。

碳排放权交易（以下简称碳交易）制度是以法律为依据、以市场机制为手段、以排放权为交易对象的制度安排。气候变化是全球危机，碳市场是全球为应对气候变化所采取的非常重要的手段之一。

中国的碳市场是从试点开始的。“十二五”规划中提出，要“逐步建立碳排放交易市场”。2011 年，国家发展改革委确定了 7 个碳交易试点，分别为北京、天津、上海、重庆、湖北、广东和深圳。试点地区非常典型，横跨东部沿海地区，并延伸至中部地区。2013 年 6 月—2014 年 6 月，以上 7 个省（市）的碳市场线上交易陆续启动。2015 年，国务院正式发布《中国应对气候变化的政策与行动 2015 年度报告》，再次肯定了碳市场的重要作用。截至 2020 年 12 月 31 日，试点省（市）碳市场现货累计成交量约为 4.45 亿 tCO_2e（二氧化碳当量），成交额约为 104.31 亿元。通过近 10 年的探索，碳交易试点为全国碳市场的建设营造了良好的环境，积累了实践经验。在此基础上，中国碳市场由试点逐步拓展到全国。2017 年，国家发展改革委印发了《全国碳排放权交易市场建设方案（电力行业）》（发改气候规〔2017〕2191 号）。2021 年 1 月 1 日，全国碳市场第一个履约周期正式启动；7 月 16 日，全国统一的碳市场正式开启线上交易。

与欧盟等地区相对成熟的碳市场相比，中国的全国碳市场刚刚起步，总体呈现行业覆盖较为单一、市场活跃度较低和价格调整机制不完善等特征。学者们对碳市场的研究焦点也大多集中在机制设计、相关法律法规和碳减排效果等方面，较少讨论碳交易的环境影响问题，而碳交易试点地区及《碳排放权交易管理暂行办法》都没有明确提出开展碳交易的环境健康影响评估（Zhang et al.，2014；Jotzo et al.，2014），对碳市场造成的环境健康问题的重视程度不够。

CO_2 排放和大气污染物排放“同根”“同时”“同源”

其次，中国以化石能源为主的能源结构导致几乎所有的二氧化碳（CO_2）排放都伴随着大气污染物的产生和排放，CO_2 排放与大气污染物排放紧密关联。企业碳交易将导致碳排放的空间转移，必然驱动企业大气污染物排放的空间转移和污染物浓度空间分布的变化。

中国几乎所有的 CO_2 排放（除土地利用变化和林业的少量排放外）都伴随着大气污染物[二氧化硫（SO_2）、氮氧化物（NO_x）和颗粒物（PM）等]的排放，CO_2 排放与相伴随的大气污染物排放“同根”（除少量工业过程外，都来自化石燃料排放）、“同时”（同在燃烧过程中排放）、“同源”（同一设备和排放口排放），相互之间具有非常紧密的关系。以煤为主的能源结构使中国 SO_2 排放量的 90%、NO_x 排放量的 67%、烟尘等颗粒物排放量的 70% 及 CO_2 排放量的 70% 都来自燃煤（中国能源中长期发展战略研究项目组，2011）。

所有的 CO_2 排放控制措施和技术［除了尚处于实验阶段的 CO_2 捕集、利用与封存（CCUS）］都会对与其相伴随产生的大气污染物造成显著影响。因而，随着碳市场的发展、碳排放权的收紧，企业会对碳排放权进行转移，这必然会直接影响企业大气污染物排放的转移。虽然企业 CO_2 排放导致的温室效应大小不随空间位置的变化而变化，但碳排放权转移所驱动的大气污染物排放转移却会导致大气污染物排放存在巨大的空间差异性。由于人口空间密度的不同，污染物排放的空间变化会导致区域整体环境健康发生巨大变化。基于国际研究给出的经典案例，对于 CO_2 排放量相同的两家企业而言，即使二者减少了相同的 CO_2 排放量，由于所处区域的人口密度有差异，其污染健康效应也会有很大差异（Boyce et al.，2013）。类似的情景在中国必定存在，也将会在碳交易中影响区域整体的环境健康，如高人口密度区域的企业没有减排，而是购买了低人口密度区域企业出售的碳排放权，则该交易很有可能使区域整体环境与健康下降。碳交易通过影响企业的 CO_2 排放驱动企业的大气污染物排放空间格局发生变化，从而影响不同区域的空气质量，进而对不同区域的公众健康产生不同程度的影响。因此，在研究碳市场时必然要关注其对环境和健康造成的影响。

最后，空气质量问题已经成为影响中国公众健康的热点，不充分评估和应对碳交易的环境影响会忽视其可能对环境健康造成的负面影响。从排放源层面自下而上地评估碳交易的环境健康影响并提出应对策略，是中国碳市场健康发展的必然需求。

不同于发达国家是在环境质量得到显著改善的基础上应对气候变化的，中国面临着常规污染治理和温室气体减排的双重挑战。温室气体使全球温度上升，而空气污染物的排放则导致了酸雨和雾霾等问题，不仅严重污染了环境，更对公众健康造成了严重威胁。例如，2010 年大气污染造成了全球 120 万人过早死亡和 2 500 万人伤残（Yang et al.，2013）。

碳交易试点作为一种市场激励机制，不仅可以促进节能减排，还可以为可持续发展提供新的资本红利，刺激环境和生态治理。如果忽视参与碳交易企业的空间位置、污染物排放水平和受影响人口空间分布等因素，则会忽视碳交易对区域环境健康可能产生的显著负面影响，不利于空气污染的治理和正面健康效应。因此，研究碳市场对环境质量和健康的影响，从排放源层面自下而上地评估碳交易造成的环境健康影响，不仅是对中国碳交易体系协同治理的有效补充，也是对环境质量管理和健康效应分析的助力，更可以促进可持续发展。

1.2 学术意义

1.2.1 国内外研究现状分析

第一，国际上非常重视对减缓气候变化措施的环境和健康效应的研究，认为其对全球应对气候变化、改善空气质量具有重要意义，特别是对发展中国家气候政策的实施。

旨在减少温室气体排放的气候政策与以改善空气质量为目标的大气污染控制政策在某种程度上会互相影响，即在实行其中一类政策时可能对另一类政策目标的实现产生“协同效应”。Pearce（1992）首先提出了“次要收益”（secondary benefits）的概念，认为控制温室气体排放的政策本身不一定是成本有效的，但是许多 CO_2 减排政策具有协助 SO_2、NO_x 等大气污染物减排的次要收益，且这类次要收益可达到温室气体减排主要收益（primary benefits）的 10 ～ 20 倍。联合国政府间气候变化专门委员会（Intergovernmental Panel on Climate Change，IPCC）在其发布的《第二次评估报告》中引用了次要收益的概念，并在《第三次评估报告》中提出了“协同效益”的定义，即减缓温室气体排放的政策所产生的、被纳入政策制定考虑中的非气候效益（IPCC，1995；2001）。

以 CO_2 为主的温室气体与大气污染物的产生和排放有着非常紧密的关系（UNEP，2012），在控制 CO_2 排放的过程中，重视其对污染物的协同减排作用非常重要，尤其是在快速工业化国家和发展中国家，气候变化政策如果能与空气污染治理和公众健康改善结合起来，其效率和公众可接受度会显著提升（IPCC，2014）。降低温室气体的同时往往会显著降低相应污染物的排放（Haines et al.，2010；Harlan et al.，2011；IPCC，2014），因而其对气候政策的环境健康效应评估非常重要（Holland，2010）。而对于发展中国家，温室气体减排带来的空气质量改善则更加显著（Markandya et al.，2009；Nemet et al.，2010；West et al.，2013）。

2℃温升控制目标会使 2050 年全球 SO_2、NO_x、$PM_{2.5}$（细颗粒物）排放分别同比降低 70%、60% 与 30%（Rafaj et al.，2013）。在 IPCC 设置的 RCP 4.5 情景下，$PM_{2.5}$ 与 O_3（臭氧）造成的过早死亡人数在 2030 年前可减少 50 万人，在 2050 年前可减少 130 万人，在 2100 年前可减少 220 万人（West et al.，2013）。在全球而非局部地区采取严格气候政策的情景下，2050 年欧洲范围内由 $PM_{2.5}$ 导致的人均寿命缩减可降低 68%，由 O_3 造成的过早死亡率可降低 85%（Schucht et al.，2015）。中国如果采取激进的能源政策，可在 2030 年前同时实现 14.7 亿 t 的 CO_2 减排量和 12% ～ 32% 的大气污染物浓度削减（He et al.，2016）。在 2℃温升控制目标情景下，中国 2050 年由于颗粒物污染导致的人均寿命缩减有望从 40 个月降低至 20 个月（Rafaj et al.，2013）。

2010 年，全球减缓气候变化所带来的大气环境改善的货币化效益为 2 ～ 420 美元 /tCO_2，而发展中国家的效益是发达国家的 2 倍（Nemet et al.，2010）或者更高（West et al.，2013），这种发达国家和发展中国家环境健康协同效益的差异主要来自发达国家较低的污染水平和发展中国家较高的污染水平（Nemet et al.，2010；West et al.，2013；IPCC，2014）。发达国家在实施气候政策之前已经采取了较为严格的环境政策，而对于发展中国家污染较严重且管理尚不严格的地区，减缓气候变化政策产生的环境健康效益将非常显著（Nemet et al.，2010；Rao et al.，2013；Klimont et al.，2013）。此外，气候政策的环境协同效益还在一定程度上被低估了，因为许多情况下，健康和经济效应并没有被充分计量（Bell et al.，2008）。中国作为最大的发展中国家，充分评估和发挥气候政策的环境改善作用对自身的可持续发展非常重要。

但是，气候政策和污染治理不协同的情况依然存在。末端治理、工程措施在控制 SO_2 等大气污染物方面虽已较为成熟，但其采用的工艺技术，如石灰石 - 石膏法，一方面会直接导致 CO_2 排放量的增加，另一方面会增加电力消耗，产生间接的 CO_2 排放（蔡博峰，2012；刘胜强，2012；Mao et al.，2013；Gu et al.，2018）。在总的碳减排目标不变的情况下，欧盟碳市场包含的行业类别的增多可能导致 SO_2、NO_x 与 $PM_{2.5}$ 等大气污染物排放略微增加。其原因主要是分布效应的存在，碳市场的主要行业（如电力、钢铁）也是 SO_2 等污染物的关键排放源，增加行业类别会使 CO_2 总减排目标被分散至其他行业，反而造成了主要行业排放量的略微上升（Rypdal et al.，2007）。爱尔兰为提高能效而对柴油汽车购买进行的政策刺激造成 NO_x 排放量的相对上升，增大了空气污染的治理压力（Leinert et al.，2013）。CO_2 捕集与封存（CCS）也可能造成 NO_x 和 NH_3（氨气）排放量的增加，并且可能影响地下水水质（Koornneef et al.，2012）。从全生命周期的角度考虑，多晶硅太阳能发电单位发电量的 SO_2 排放量比传统的煤粉发电要高 16%，超临界煤粉发电 + CCS 单位发电量的 NO_x 排放量要比常规煤粉发电高 25%、NH_3 排放量是常规煤粉发电的 6.25 倍，一些低碳能源，如水电和风电等的开发，其生态影响也不容忽视（IPCC，2014）。

根据 IPCC 第五次评估报告（2014）和国际研究综述，气候变化政策对环境健康的影响始终伴随其实施的全过程，其环境健康效应的正负及对环境健康的影响程度受社会、经济和人口等诸多因素的影响，因此需要系统、全面地评估气候政策的综合环境健康效应。

第二，温室气体和大气污染物排放的空间差异性问题备受关注，空间化模型成为对气候政策进行环境健康效应评估的研究重点。

虽然碳排放产生的温室效应是长期性和全球性的，不受区域条件的影响，但协同污染物的环境健康影响却更多受到区域局部条件，如气象条件、暴露人口等的影响，如空气质量的改善导致人体健康等的改善往往是局部和短期的，因而不同地方的温室气体减排战略所产生的环境效应的空间差异性非常显著，对人体健康产生的影响也具备明显差异（Markandya et al.，2009；Sharon et al.，2009；Smith et al.，2009；Jack et al.，2010；Henriksen et al.，2011；GEA，2012；Shindell et al.，2012；IPCC，2014）。

全球大尺度的气候政策环境健康效应评估和研究都突出了空间模型和人口空间分布对于研究的重要作用（IPCC，2014）。Rao 等（2013）建立了宏观模型（大尺度排放 - 传输 - 暴露模型），用以评估全球能源政策对大气污染物浓度及环境健康（伤残调整生命年）的影响，明确了空间模型对于浓度分布和暴露人口研究的重要性。Shindell 等（2012）研究了对流层 O_3 和黑炭对气候变化和空气质量的影响，采用了全球空间模型进行模拟。在区域和城市尺度上，人口的空间密度差异对气候政策的环境健康影响更加显著，全球能源评估强调了不同城市人口差异导致的气候政策的环境健康效应差异（GEA，2012）。Shrubsole 等（2015）利用建筑和居民分布空间数据分析比较了英国 2 个城市不同低碳情景下的环境健康效应，结果显示，不同空间位置的结果差异很大，因而气候政策需要考虑更为具体和详尽的空间差异。

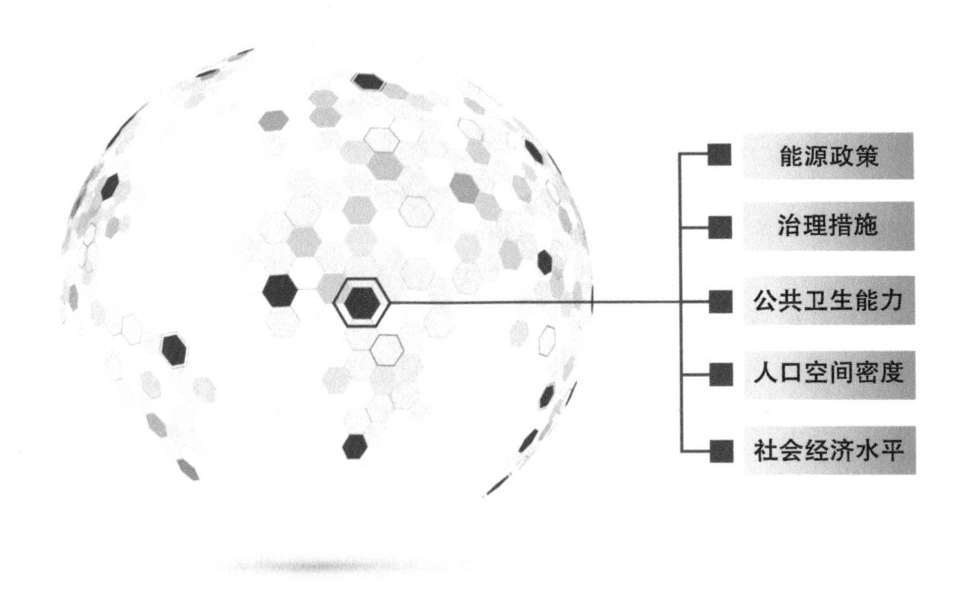

温室气体和大气污染物排放的空间差异性受人口密度等因素的显著影响

第三，碳市场对区域环境健康的影响已经引起学术界的高度关注，在排放源层面深入研究碳排放的空间转移如何驱动大气污染物排放的空间转移，进而导致区域环境健康效应变化是热点研究方向。

碳市场作为应对气候变化的重要制度设计，必然会对 CO_2 排放及其伴随的污染物排放产生显著影响（IPCC，2014；Driscoll et al.，2015）。世界银行评估认为，由于碳市场会导致企业空间布局的改变，可能也会导致碳排放泄漏（carbon leakage）和污染物排放，并对环境产生影响（World Bank & Ecofys，2015）。国际学术界已经开始关注碳市场对区域环境健康的影响，并在排放源层面通过构建空间模型开展温室气体减排和环境健康影响评估，从而突出微观个体碳排放行为的变化所导致的区域整体环境健康的变化。Mohai 和 Saha（2006）、Pollock 和 Vittas（1995）基于分析都认为，排放源的空间分布差异会带来不同的环境健康影响，并引起不同人群环境公正性的差异。Boyce 和 Pastor（2012；2013）、Pastor 等（2013）基于排放源数据建立了排放 - 传输 - 暴露空间模型，评估了碳交易等可能会驱动企业碳排放发生空间转移的气候政策所造成的区域整体环境健康影响，其结论认为，如果不经过充分评估和合理的政策设计，则碳市场等气候政策无法实现积极的环境健康效应，而且可能引发环境不公正等社会问题。Muller（2012）发现，美国单位 CO_2 排放伴随的污染物排放及其健康影响随着排放源的类型和空间位置的不同会有很大差异，通过适当的空间管理政策可以从 1% 的排放源中将总体环境健康效益提高 63%。由于空间精度高，基于排放源的研究更加精细，更能突出不同暴露人群在社会、经济等方面的差异，因而受到国际研究界的高度重视。

1.2.2 国内外研究存在的问题和不足

国际上对碳交易环境影响的理论研究相对比较深入，但更为精细的实证研究尚为缺乏，中国快速发展的碳市场为这一领域的研究和突破提供了良好的平台。中国国内的碳交易理论设计和试点工作成绩斐然，但对碳交易的环境健康影响研究尚有不足。

一是碳交易带来的环境健康影响未受到充分重视。中国在碳交易的环境健康影响评估等方面的研究较少，试点地区和国家层面的政府文件和技术说明中没有明确提出要评估环境健康影响，更未提出具体的评估方法。

二是针对碳交易的环境影响，主要基于宏观经济模型，并以污染物排放量作为环境影响评价的主要指标，未能突出污染物浓度和暴露人口等实质性环节，对 CO_2 排放和污染物排放的空间差异性带来的环境健康影响的空间差异性研究不足。根据国际上的前沿研究，碳市场的环境健康影响恰恰是不同空间位置的不同排放企业对其周边公众的健康影响。当前，国内缺乏自下而上地从微观排放源到宏观区域环境健康影响的研究范式，而这一研究范式是充分研究和评估碳市场环境健康影响的重要途径。

2 全球碳市场发展

2.1 碳交易起源

20 世纪 90 年代，在国际气候谈判设计减少温室气体排放方案时，碳交易体系作为一种降低减排成本、提高减排效率的市场手段被引入。1997 年，《联合国气候变化框架公约》第三次缔约方大会通过了《京都议定书》。《京都议定书》在为发达国家确定温室气体强制减排目标的同时，配套设计了 3 种灵活的市场履约机制，即碳交易机制（ETS）、联合履约机制（JI）和清洁发展机制（CDM），建立了国际碳交易机制的基础。《京都议定书》赋予了碳排放权商品属性，为国家之间就温室气体排放权展开贸易提供了一个全新的框架。

《京都议定书》第一次对温室气体的排放量进行了法律约束，使其成为一种稀缺资源，并制定了一系列界定温室气体排放权的制度，使其具有可交易性，从而逐渐孕育出一种崭新的温室气体排放权交易市场（也被称为碳市场），形成了跨国的碳交易，帮助发达国家完成其减排义务。

2005 年，欧盟建立了碳市场，并于同年 1 月开始交易。2009 年，哥本哈根世界气候大会未达成《京都议定书》第二承诺期有约束力的目标，国际气候谈判的重点转向制定新的全球减排协议。后京都时代，全球已搭建起新的应对气候变化行动框架，全球范围内碳市场加快发展。2015 年，195 个缔约方签订了《巴黎协定》。随着全球各个国家和地区着手落实《巴黎协定》及各自境内应对气候变化的目标，全球各地区碳市场的发展潜力和规模与日俱增。

根据世界银行（World Bank）和国际碳行动伙伴组织（International Carbon International Carbon Action Partnership，ICAP）的统计数据，截至 2021 年年底，全球范围内共有 33 个正在运行的碳交易体系（1 个超国家机构、8 个国家、18 个省和州、6 个城市），包括欧盟碳市场（EU ETS）、中国全国碳市场、德国碳市场、新西兰碳市场、美国区域温室气体减排行动（Regional Greenhouse Gas Initiative，RGGI）、美国加利福尼亚州碳市场、韩国碳市场、中国碳交易试点等。其中，有 3 个国家（中国、德国和英国）在 2021 年启动了碳市场。此外，还有更多的国家和地区正在考虑建立碳市场，并作为其气候政策的重要组成部分。随着 2021 年中国、德国和英国 3 个国家级碳市场的建立，2021 年运行的 33 个碳市场覆盖区域的温室气体排放总量超过 90 亿 t，占全球总排放量的 16%，全球近 1/3 的人口生活在碳市场体系下，碳市场覆盖地区的国内生产总值（GDP）占全球 GDP 的 54%（ICAP，2021）。

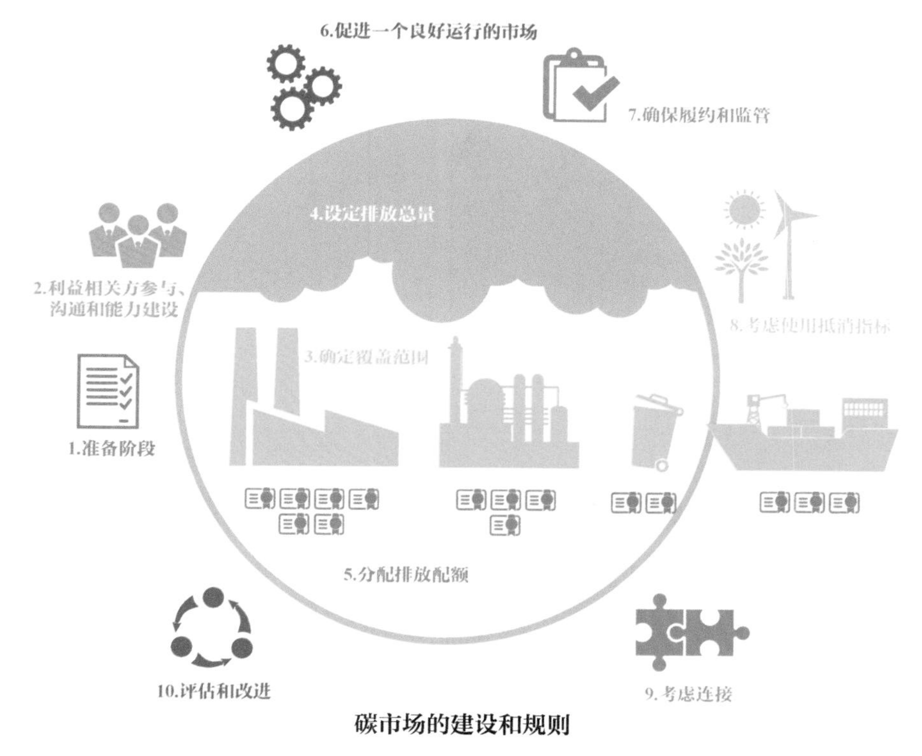

碳市场的建设和规则

来源：《碳排放权交易实践手册：设计与实施（第二版）》，2021 年。

与传统的实物商品市场不同，碳市场是碳排放权的交易市场，是通过法律界定人为建立起来的政策性市场，其设计的初衷是为了在特定范围内合理分配减排资源，降低温室气体减排成本。目前，国际碳市场根据是否强制控制总量可分为强制市场和自愿市场，其中强制市场的主要代表是以欧盟强制碳交易体系为基础的欧盟碳市场，自愿市场则以美国芝加哥气候交易所（Chicago Climate Exchange，CCX）为典型代表。除自愿购买减排项目的市场外，欧盟碳市场和芝加哥气候交易所还以总量控制的方法规定了年度排放限额（供给），通过监测、报告、核查（MRV）体系确定企业年度排放量，同时使碳市场配额（以下简称碳配额，CEA）可以进行交易。通过这种方法使碳排放权成为有价值的商品从而建立碳市场，并依靠现货交易和期货交易形成价格机制，特别是国际市场上对期货期权等金融工具的引入，提升了碳市场的价格发现能力，为投资者提供了更多的选择。相较于一般市场，碳市场的总量控制对价格的形成和供需关系有特殊影响。

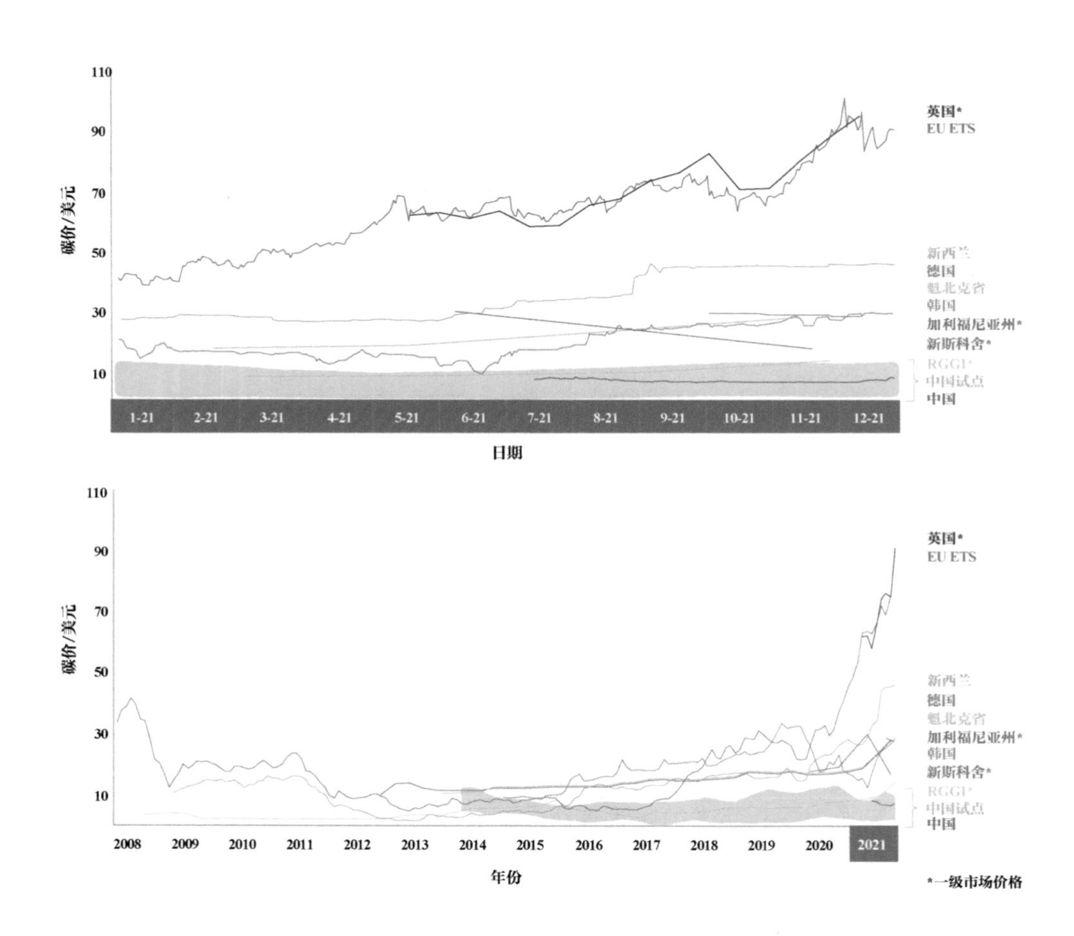

全球碳市场的碳价变化

来源：*Trading Worldwide: Status Report 2022*，2022 年。

2.2 欧盟碳市场

欧盟碳市场是目前世界上覆盖地区最广、交易规模最大的跨区域强制性交易体系。欧盟不断创新气候治理战略与机制，1998 年 6 月，欧盟委员会（以下简称欧委会）颁布了《气候变化欧盟策略》，第一次正式提议设立碳交易机制；2000 年 3 月，《欧盟二氧化碳排放交易绿皮书》颁布，碳交易被纳入气候变化应对政策；2001 年 10 月，欧委会通过了建立碳市场的草案；2003 年 10 月，经过审核和修订，欧委会又发布了《欧盟排放权交易指令》，设置欧盟排放许可，赋予欧盟碳交易法律约束力。一系列政策的发布为欧盟碳市场的建立打下了坚实的基础。

2005 年，欧盟碳市场成立，涵盖了 27 个欧盟成员国和 3 个其他国家（冰岛、挪威和列支敦士登）约 46% 的温室气体排放量，同时涵盖了 10 000 多个能源密集型装置和参与国之间航班的排放量。欧盟碳市场是世界上最成功的碳交易体系，有着丰富的产品结构，包含了现货、期货和期权等金融衍生品。

截至 2021 年 12 月 31 日，欧洲碳配额现货和期货累计成交量已达到 600 亿 tCO_2e 和 871 亿 tCO_2e，这 2 个极为重要的交易品种成交量也代表了欧盟碳市场的发展程度。

欧盟碳市场的发展分为 4 个阶段。

第一阶段：2005—2007 年。这一阶段碳市场刚成立，尚处于试验阶段，主要目标是检验碳市场的制度设计和试运行，积累碳交易系统的经验，为第二、第三阶段奠定基础。涉及的部门主要包括电力部门和能源部门，涉及的对象包括额定输入大于 20 MW 的发电站、其他燃烧设施（除危险废物或城市废弃设施）和 11 000 个工业设施（包括炼油、焦化、钢铁、水泥、玻璃、石灰、砖、陶瓷、造纸和纸板），总配额上限为 22 亿 tCO_2e/a，涉及的国家包括 27 个欧盟成员国，根据每个国家分配计划的总和自下而上地制订分配计划。在第一阶段，碳市场建设尚不成熟，95% 的碳配额遵循“祖父原则”[1] 免费发放。

[1] 祖父原则：以参与主体的历史排放水平为基准进行配额发放的方法。

第二阶段：2008—2012年。这一阶段延续并改善了第一阶段的政策措施，交易数量大幅增加，逐渐形成了价格机制的雏形，并逐步开拓了碳金融衍生品。首先，第二阶段依然以免费分配碳配额为主，但把出售配额的数量占比由5%提高至10%，并试图采用有价配额分配方式；其次，市场覆盖国家和行业不断增加，覆盖国家增加了欧盟成员国以外的国家（冰岛、列支敦士登和挪威）；再次，在超额排放惩罚方面，欧委会将罚金从40欧元/t提升至100欧元/t，并在次年将前一年超额排放量部分扣除；最后，欧盟在第二阶段加入了储备的概念，提出碳存储方式，为碳市场带来了活力和连续性，并且把CDM和JI的减排信用纳入欧盟碳市场，提高了碳市场的灵活度。

第三阶段：2013—2020年。这一阶段的时间跨度较长，目的是全面推广碳减排政策，鼓励企业长线投资，探索与其他排放交易体系的连接。第三阶段的减排目标是年均下降1.74%，到2020年年底，与1990年相比最少降低20%，碳排放量由2013年的20.39亿tCO_2e降至2020年的17.2亿tCO_2e。第三阶段是欧盟碳市场全面改革的阶段：①配额分配权由各成员国交给欧盟，配额分配采用基准线法；②大部分的配额分配方式从免费发放逐渐转为拍卖，欧盟开始拍卖50%以上的配额，规定所得收入的50%以上用于气候领域和能源领域，争取未来实现100%拍卖；③健全认证核准制度，提高公平性，降低欧盟碳市场的交易风险；④严格审核碳存储信用使用规则，减少隐患、降低风险；⑤欧盟碳市场的覆盖行业继续扩大到石化、炼铝、制氨等行业。2020年是欧盟碳市场重要的一年。一方面，欧盟在《欧洲绿色协议》中宣布了具有里程碑意义的气候政策倡议；另一方面，在新冠肺炎疫情引发的宏观经济冲击下，欧盟碳市场也需要应对冲击。欧盟进一步推出了其他改革方案，包括为解决碳泄漏问题而进行的免费配额分配，以及促进低碳创新与支持低收入成员国工业和电力部门现代化工作的新财政支持。

第四阶段：2021—2030年。欧盟的碳交易体系目前正在进行改革，以使欧盟实现更严格的2030年和2050年减排目标。

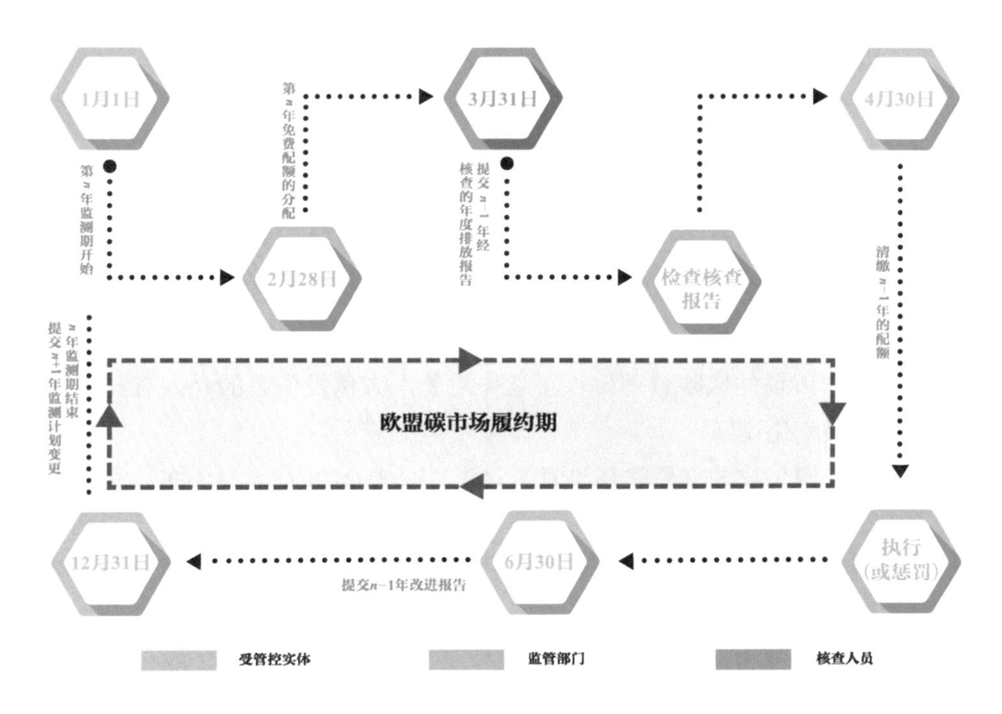

欧盟碳市场监管体系和流程

2.3 CCX 自愿减排交易体系

CCX 是全球第一个温室气体自愿减排交易平台，买卖的是碳金融工具合同（carbon financial instruments），2003 年正式开始运营。CCX 的减排项目关联 6 种温室气体［CO_2、CH_4（甲烷）、N_2O（氧化亚氮）、HFCs（氢氟碳化物）、PFCs（全氟化合物）与 SF_6（六氟化硫）］，涉及电力、航空等数十个行业。

CCX 的交易采用会员制度，实体或个人首先要登记注册为会员才能在交易平台进行交易。该交易以自愿的限额交易为基础，辅以排放抵消项目。减排计划基于会员以前年度及现阶段的温室气体排放情况而定，如果会员的减排目标超额达成，则可卖出或留存多出的减排配额；如果会员未实现减排目标，则需买入碳排放权以达成目标。碳金融工具合同交易标的有交易配额（exchange allowances）与交易抵消信用（exchange offsets credits），交易配额由 CCX 按照各会员的减排要求与减排计划分配给正式会员，交易抵消信用产生于合格的抵消项目。

CCX 温室气体排放权交易平台的设立，为美国企业参加世界温室气体排放权交易夯实了基础，其会员不仅累积了碳交易的丰富经验，还经由卖出剩余的排放配额而得以营利，这样有利于会员企业规划合理、可行的应对气候变化长期发展计划，帮助企业打造绿色环保的市场形象。碳金融工具还为资本市场的风险管理提供了运作对象，大量投资者的介入有利于社会关注气候变化议题。

由于美国欠缺碳交易联邦层面的立法，造成 CCX 的会员不多、交易规模不大且交易价格不高的局面，以至其虽在 2006 年完成了第一阶段的交易活动，但到 2010 年 10 月便停止了交易活动，2011 年第三阶段的交易活动亦被取消。

历时 8 年的自愿参与限额交易减少了 7 亿 tCO_2e。其中，88% 的减排量来自工业，12% 的减排量来自排放抵消项目。由于自愿减排的结构性问题，CCX 的供求不平衡，价格波动剧烈。虽然当前 CCX 不再进行交易，但是依然保留了排放抵消项目。CCX 从 2003 年起发展排放抵消项目，已产生了经第三方认证的 8 000 万 t 排放抵消信用额，其中有 200 万 t 来自中国，这些信用额至今仍然有效，可以转入其他地方性碳交易市场继续交易。

2.4 区域温室气体减排行动（RGGI）

RGGI 是美国第一个强制性的基于市场手段的温室气体排放系统，涵盖了电力部门的排放，覆盖容量超过 25 MW 的火力发电机组，共包括 228 个发电厂的 500 ～ 600 座机组。RGGI 于 2009 年 1 月 1 日起由康涅狄格州等 10 个州共同实施，每三年为一个控制期。其中，新泽西州于控制期第一阶段结束后退出，并于 2020 年再次开始参与 RGGI，弗吉尼亚州于 2021 年参与。RGGI 的碳配额由各州按自身适用的法规或条例规定的数量发放，所有州发布的碳配额共同构成上限。RGGI 的控制期共有 5 个阶段：

第一阶段：2009—2011 年。在此期间，RGGI 的目标是将 CO_2 排放量稳定到当时的水平，即每年排放 1.71 亿 tCO_2。

第二阶段：2012—2014 年。其中，2012—2013 年每年排放 1.5 亿 tCO_2，2014 年排放 0.75 亿 tCO_2。到 2012 年，RGGI 的确认排放量比上限低了 40% 以上，因此各州在 2014 年开始收紧了碳配额上限。

第三阶段：2015—2017 年。2015 年、2016 年和 2017 年每年的碳配额分别为 0.61 亿 tCO_2、0.59 亿 tCO_2 和 0.57 亿 tCO_2。可见，碳配额在逐年收紧，年下降率为 2.5%。

第四阶段：2018—2020 年。2018 年、2019 年和 2020 年每年的碳配额分别为 0.55 亿 tCO_2、0.53 亿 tCO_2 和 0.67 亿 tCO_2。

第五阶段：2021—2023 年。2021 年、2022 年和 2023 年每年的碳配额分别为 0.91 亿 tCO_2、0.88 亿 tCO_2 和 0.85 亿 tCO_2。

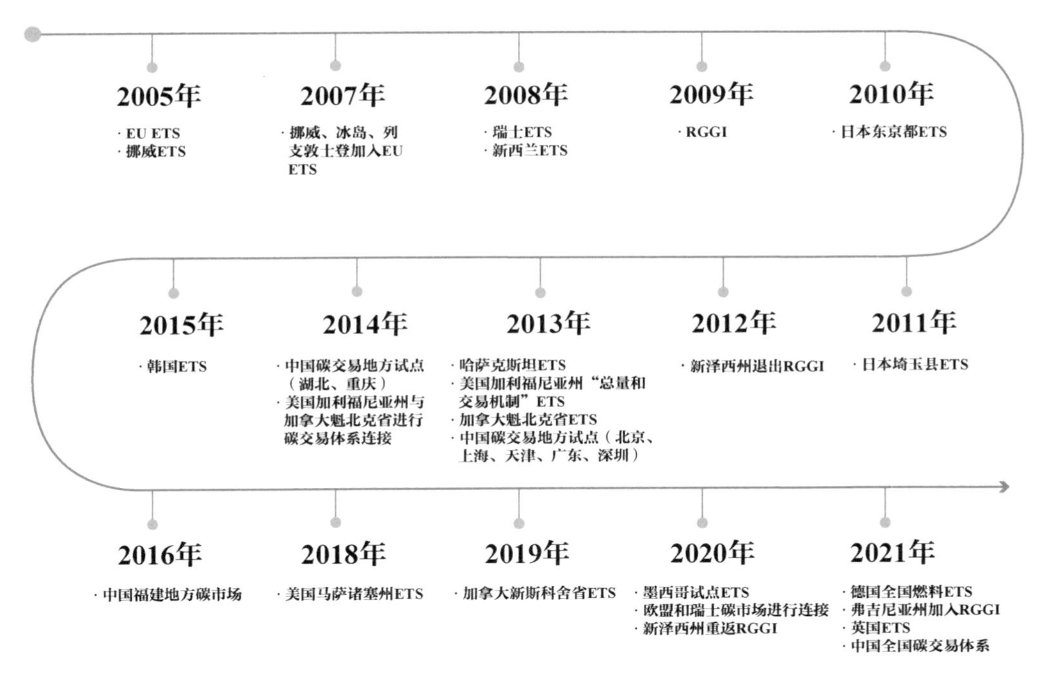

全球各级碳市场的发展历程

来源：《碳排放权交易实践手册：设计与实施（第二版）》，2021 年。

各州承诺对碳交易计划定期进行全面评估。第一次项目评估于 2013 年 2 月完成，2017 年 12 月完成了第二次项目评估，且形成了 2017 年示范规则（2017 Model Rule）。根据该规则，2021—2030 年，各州的碳配额年下降率约为 2020 年碳配额的 3%。2021 年 2 月，RGGI 启动了第三次项目评估，并于当年夏天发布了初始执行时间线，征求专家与公众的意见（ICAP，2022）。

RGGI 通过季度拍卖的方式发放碳配额，拍卖收入将返还给各州用于投资。拍卖活动与交易活动皆受到中立的第三方市场管控机构——Potomac Economics 的监督，以提高市场透明度，规避碳配额拍卖的副作用，防范强势的电力部门或金融投资者操纵拍卖价格或交易价格。

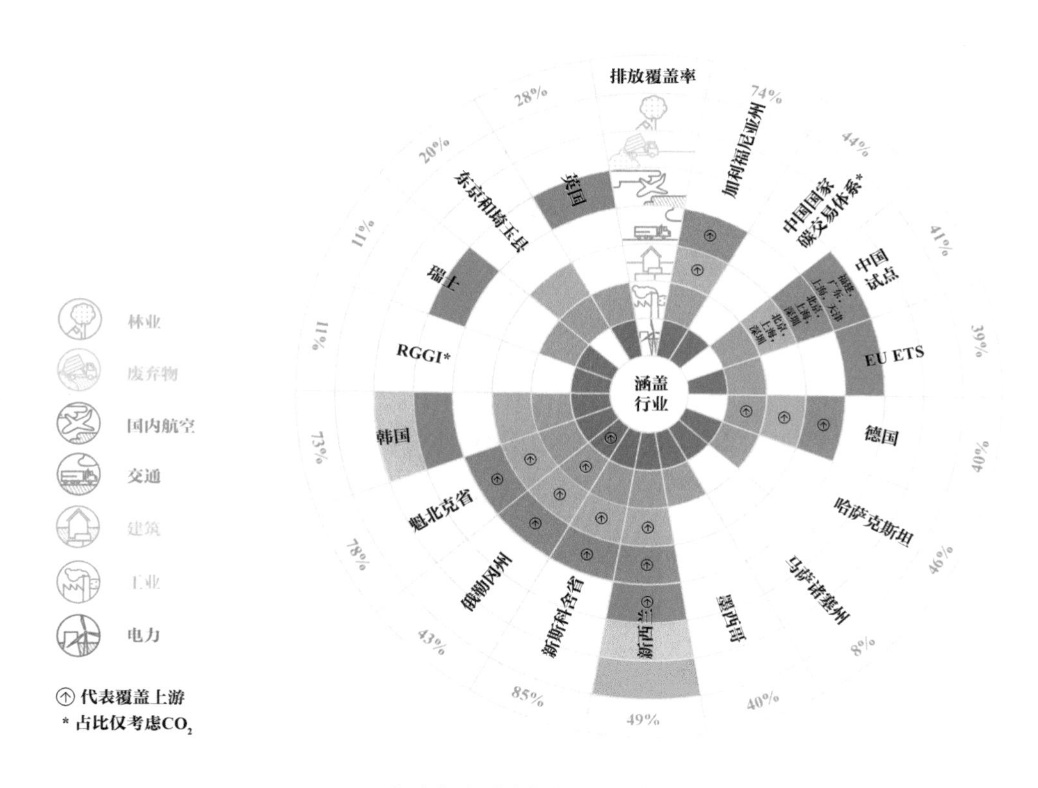

全球各类碳市场的行业覆盖

来源：*Trading Worldwide: Status Report 2022*，2022 年。

RGGI 有着较好的 CO_2 排放与配额追踪系统（CO_2 allowance tracking system），主要是追踪调查排放源的碳排放量、碳配额的账户持有情况与交易情况，判断碳排放情况与参与州碳预算交易项目是否相符，向参与州提交特别许可的额外配额和碳排放抵消项目申报与管控证明报告，追踪碳排放抵消信用额度，向公众报告碳排放进展和市场数据。

RGGI 于 2014 年开始引入成本控制储备机制（CCR），2017 年确定并于 2021 年开始实施排放控制储备机制（ECR）。根据 CCR，当碳价高于特定碳价水平时，储备配额将被出售到市场，2022 年的特定碳价水平为 13.91 美元，此后将每年增长 7%。根据 ECR，当碳价低于特定碳价水平时将扣缴津贴，每年扣缴限额为参与州排放预算的 10%，扣缴的津贴将不会重新出售。这两个机制能够有效调整碳配额的市场供给，稳定碳价。

RGGI 碳排放抵消项目产生的碳减排量会获得碳抵消配额，碳排放抵消项目限于 9 个参与州的 5 类项目：垃圾填埋场 CH_4 捕集和处理、电力部门 SF_6 减排、林业项目碳汇、建筑业由石化能源使用效率提高引起的碳减排、农业肥料管理 CH_4 减排。

2.5 西部气候倡议

西部气候倡议（Western Climate Initiative，WCI）成立于 2007 年，是美国 7 个州和加拿大 4 个省实施的一项温室气体减排行动。WCI 实施的限额与交易项目涉及 7 种温室气体排放：由电力（包含从 WCI 区域外进口的电力）、工业燃料、工业加工、交通燃料、居民用燃料与商业燃料等行业部门产生的 CO_2、CH_4、N_2O、NF_3（三氟化氮）。其成员在施行限额与交易项目时会按各自地区的减排目标发放碳配额，所有可发放配额就是排放限额，配额可以买卖。WCI 是区域性配额市场，各成员发放的配额在整个 WCI 区域内都可用。

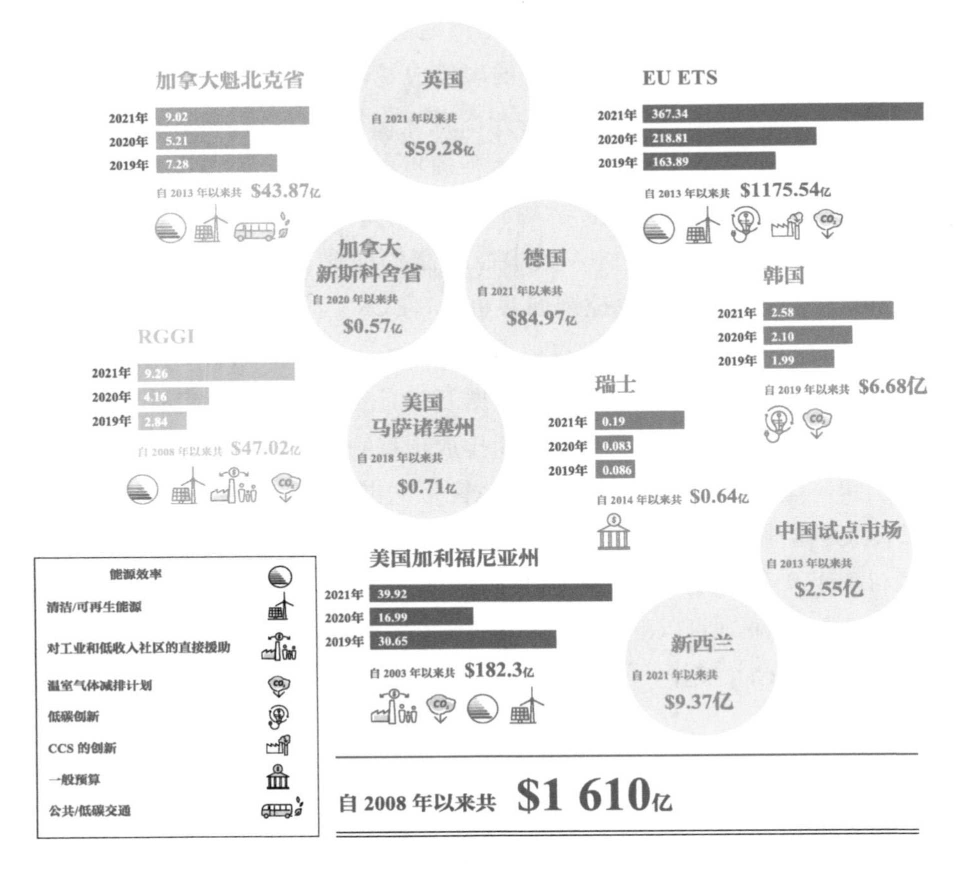

全球各类碳市场累计拍卖金额（美元）

来源：*Trading Worldwide: Status Report 2022*，2022 年。

目前，只有美国加利福尼亚州和加拿大魁北克省按照 WCI 要求开展了限额与交易项目，其碳市场自 2013 年启动，从 2014 年起施行碳配额与碳排放抵消信用的互认，并使用相同的登记系统、拍卖平台，两地的市场运作与市场管控信息共享，但彼此在管理上独立。2015 年，加利福尼亚州一魁北克省联合碳市场的年配额预算规模为 4.58 亿 tCO_2e，成为仅次于欧盟碳交易体系的全球第二大碳市场。加利福尼亚州的碳减排目标是 2020 年的排放量与 1990 年相同，魁北克省则是 2020 年的排放量比 1990 年低 20%。

2.6 加利福尼亚州碳交易体系

加利福尼亚州一直是美国环境管理的先驱，最早加入了 WCI，在 2012 年使用 WCI 开发的框架独立建立了自己的总量控制与交易体系，并于 2013 年正式启动。

2006 年，加利福尼亚州州长签署通过了《全球气候变暖解决方案法案》（AB-32 法案），该法案提出该州 2020 年的温室气体排放要恢复到 1990 年的水平、2050 年的排放相对于 1990 年要减少 80% 的目标。以 AB-32 法案为基础，2008 年加利福尼亚州空气资源委员会批准了一个“领域规划”项目，并将其作为实现温室气体减排行动的主要框架。这个项目提到碳交易体系能够帮助加利福尼亚州实现 85% 的温室气体减排，推动了加利福尼亚州碳交易体系的建立。

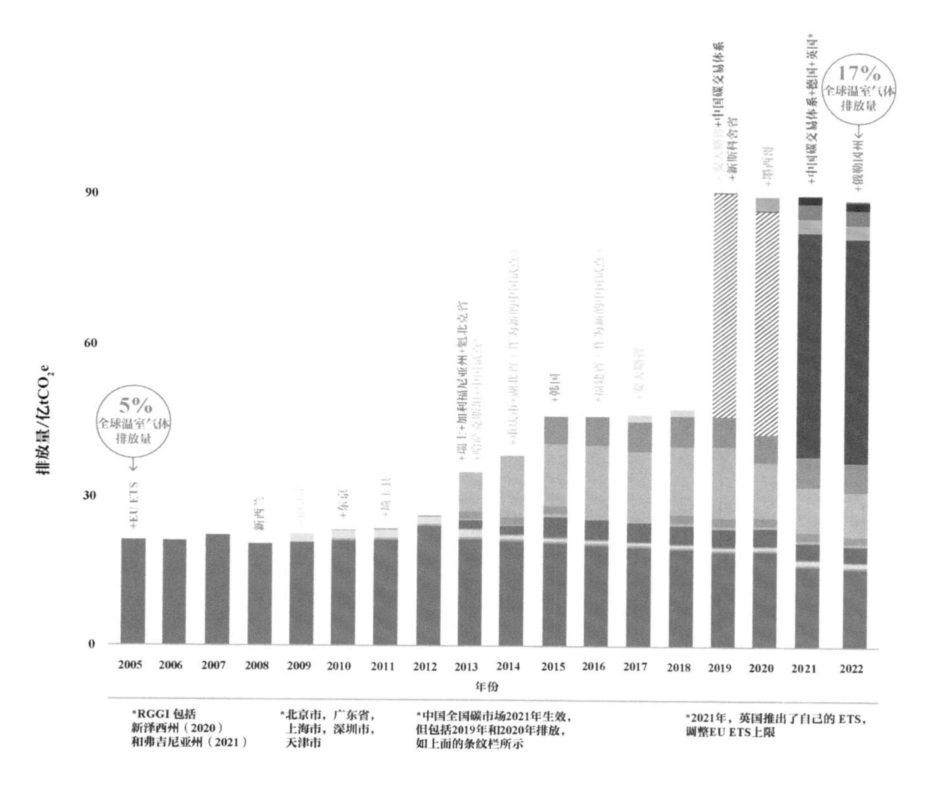

全球各类碳市场覆盖的 CO_2 排放

来源：*Trading Worldwide: Status Report 2022*，2022 年。

加利福尼亚州碳交易机制 9 年的履约期被分为 3 个阶段：第一阶段（2013—2014 年）的初期配额总量是 1.6 亿 t CO_2，其中 90% 以上的配额免费分配给企业，配额递减速率为 1.9%，主要涉及电力、工业等；第二阶段（2015—2017 年）的初期配额总量是 3.95 亿 t CO_2，高泄漏类企业实施 100% 免费分配，中泄漏类企业实施 75% 免费分配，低泄漏类企业实施 50% 免费分配，配额递减速率为 3.1%，涉及行业增加了天然气、石油等；第三阶段（2018—2020 年）的初期配额总量是 3.58 亿 t CO_2，配额递减速率为 3.3%。从 2021 年起，加利福尼亚州碳市场迎来了变化，包括对碳价设立了价格上限、配额递减速率进一步增加等。

加利福尼亚州总量控制与交易计划的成功证明了碳定价机制下的碳减排与经济增长是不矛盾的。其主要原因如下：①加利福尼亚州碳交易机制具有较强的制度体系，其碳市场拥有完备的法律与机制及相关配套政策，且碳交易制度借鉴了欧盟碳市场的成功经验，颁布了《加利福尼亚州温室气体排放总量与市场履约机制条例》和《温室气体强制报告条例》，规定了第三方核查的技术规范及核查机构的管理问题，并在报告通用指南等文件中作出了相关要求，这为碳市场的建设打下了坚实的基础；②加利福尼亚州碳交易机制覆盖范围较广，直接或间接的温室气体都被考虑在内；③加利福尼亚州碳市场有着灵活的配额分配机制和价格管控机制，保证了其平稳运行；④加利福尼亚州在实行碳交易制度的同时叠加了其他一系列绿色能源政策。以上这些都是加利福尼亚州碳市场可供其他碳市场的借鉴之处。

3 碳市场环境影响国际研究综述

本章通过文献大数据分析和典型文章探讨开展国际文献综述研究。选用 Web of Science 数据库中的 SCI、SSCI，以检索式 TS =（“carbon market*”或“carbon price”或“carbon emission* market”或“carbon trad*”或“Carbon emission* trad*”）AND TS =（“pollution”或“pollutant*”或“$PM_{2.5}$”或“SO_2”或“NO_x”或“health*”或“mortality”或“cobenefit*”或“co-benefit*”或“synerg*”或“collaborat*”）进行高级检索，并对其进行筛选以保证文献的可靠性，最终获得了 154 篇相关文献，其发表时间在 2000—2022 年。

3.1 发文量

研究相关主题的发文量在时间序列上的历史变化能够反映出该主题的发展轨迹和生命周期，从而判断相关内容研究的规模变化、热度增减及未来的研究趋势。根据碳市场环境效应英文文献的发文量走势，2000—2022 年碳市场环境效应研究整体呈增长趋势，2009 年发文量出现第一个小高峰，且 2012 年以来增长态势总体良好，碳市场协同效应的研究热度逐渐增加。其主要原因可能是中国在 2011 年确定了碳市场试点，2013 年 6 月—2014 年 6 月各地区试点陆续启动，这一现实背景导致研究热度不断上升。

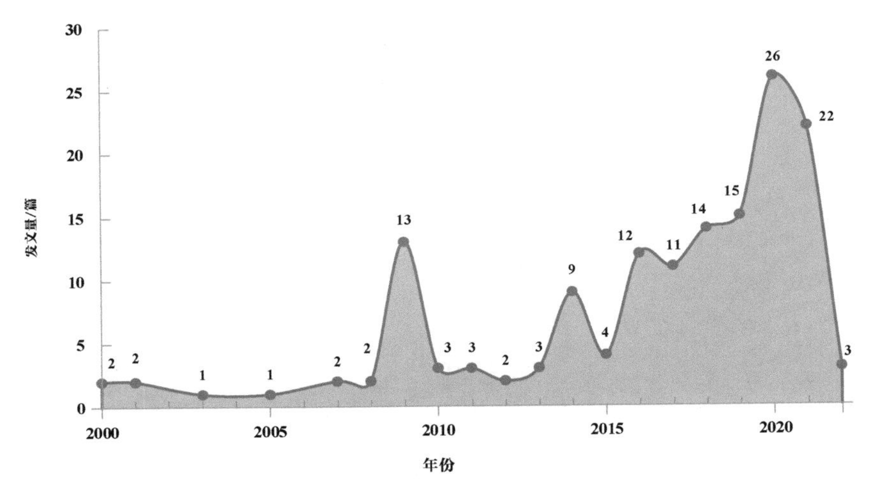

碳市场环境效应英文文献发文量

从每年碳市场环境效应英文文献的引用量来看，碳市场环境效应研究整体呈逐渐上升的趋势。与发文量不同的是，2008 年以前，有关碳市场环境效应研究的文献引用量较低，说明宏观层面上 2008 年以前对碳市场环境效应的研究较少，相关内容尚未广泛走进学者视野。2003 年，引用量出现一个高峰特例，其原因主要是当年仅有 Sorrell 和 Sijm 在期刊 *Oxford Review of Economic Policy* 上发表了一篇文章，其单篇引用量较大，从而拉动了整年的引用量。2008 年以后，引用量出现一个明显上升，特别是 2009 年，当年的发文量有 13 篇，大于其他相近年份，因而引用量能保持较高位置，说明 2009 年是碳市场环境健康效应研究的一个高峰年份，碳市场环境效应研究较为热门。2009 年以后，引用量整体仍呈相对较高的状态，碳市场环境健康效应逐渐引起了学者的重视。

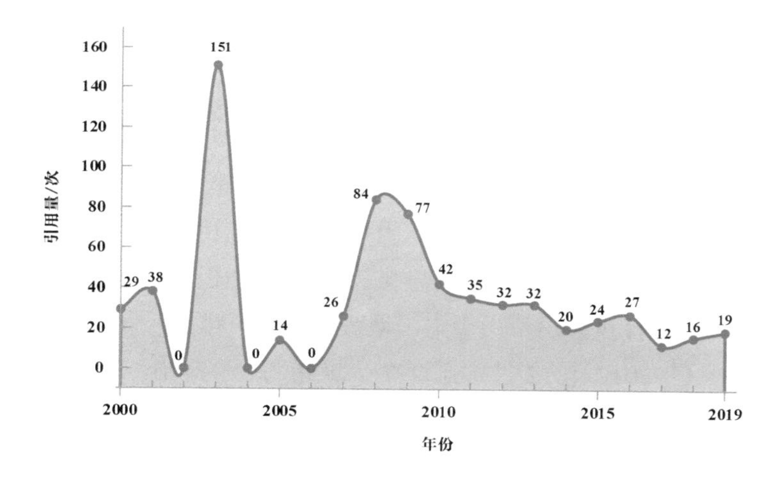

碳市场环境效应英文文献引用量

3.2 重点研究方向

随着碳市场的广泛建立，关注碳排放市场性工具政策和大气污染物协同减排的研究日益增多。

研究关注的内容主要包括碳市场不同制度设计对减少 SO_2、NO_x 等空气污染物排放量的协同效应，实施碳交易制度所带来的协同效应，自愿碳抵消（VCO）机制的支付意愿和实施成本及其带来的协同效应，协同效应的量化和分解，健康效应和货币化成本的量化等。Yan 等（2020）认为，中国排放交易系统试点对雾霾污染浓度水平有显著的“降低效果”，这可能是通过“促进绿色技术在企业中的应用和转型”和“转移严重污染的产业”来实现的。Dong 等（2015）认为，碳配额上线的实施对降低大气污染物具有正面效应。Lejano 等（2020）通过对参与美国加利福尼亚州限额交易计划的炼油厂排放量的研究，说明碳交易也可能带来空气中有毒物质的转移，即对环境正义造成影响。碳配额上线的实施对降低大气污染物具有正面效应，Cheng 等（2015）通过动态可计算的一般均衡（CGE）模型研究了不同碳减排政策对中国广东省的电力、冶炼、水泥、钢铁 4 个产业的影响，结果表明设置碳限额可以最大限度地达到减排目标和节能目标，同时降低 SO_2、NO_x 等污染气体的排放，是一种有效降低能源消耗和减少碳减排成本的管理途径。

研究方法主要包括利用计量经济学方法和建立模型对协同效应进行分析和预测。其中，计量经济学方法主要包括双重差分模型（diffference-in-difffferences model，DID）、对数平均迪氏指数分解法（LMDI）等。Zhang 和 Wang（2011）提出了一种计量经济学的方法来评价 CDM 对 SO_2 减排的影响，并将这一实证计量方法应用于中国地级市的城市排放。Liu 等（2021）利用 2005 年 1 月—2017 年 12 月中国 297 个城市每月的 $PM_{2.5}$ 浓度和天气数据，使用 DID 模型估算中国的排放交易与减少 $PM_{2.5}$ 的共同效应，研究结果表明中国的排放交易计划使 $PM_{2.5}$ 浓度降低了 4.8%，且这种降低效果在夏季最强。Li 等（2021）利用 LMDI 模型和 IPAT 方程将协同效应分解为能源效率、经济发展和产业结构驱动，并利用 DID 模型和倾向得分匹配差值法（PSM-DID）量化协同效果。Burtraw 等（2003）将排放量变化纳入大气运输和环境影响的综合评估模型中，模拟 2000—2010 年的发电和消费。Liu 等（2018）基于 2005—2010 年中国火电厂的 CO_2 排放数据，采用 DEA 模型对碳市场的市场效率进行估计，并进一步将碳交易扩展到 SO_2 排放交易市场，估算了不同分配策略下的社会潜在经济收益和潜在碳减排，结果表明建立CO_2-SO_2排放权联合交易通常有利于实现资源优化配置、增加潜在收益和减少污染物排放3个目标。Cheng等（2015）通过动态CGE模型研究了不同碳减排政策对中国广东省不同产业的影响。Cai等（2016）提出了一种基于设施级CO_2排放、空气污染分散和浓度响应函数的定量模型，并将其应用于中国京津冀地区，以量化CO_2交易对当地公共卫生健康的潜在影响。利用这一模型，可以确定关键设施、部门和区域，以最大限度地提高引入碳市场的环境共同效应，并避免不良的环境损害。排放源的空间分布差异使其环境健康影响不同，从而引起不同人群的环境公正性差异。基于排放源的研究由于空间精度高而更加精细，突出了不同暴露人群的社会、经济等方面的差异。

引用量最大的主要是研究减少SO_2、NO_x等空气污染物排放量的协同效应、健康效应、共同利益等方面的文章。

2003年，Burtraw等发表在*Journal of Environmental Economics and Management*上的题为*Ancillary benefits of reduced air pollution in the US from moderate greenhouse gas mitigation policies in the electricity sector*的文章认为，减少大气中温室气体的行动将减少传统的空气污染物排放并产生协同效应。该文章采用“与人类健康变化的综合评估框架关联的”详细电力模型计算适度碳排放税的辅助收益，预测了合理的碳价并计算了相关健康效应。结果表明，在现有或预期的排放上限的情况下，约25美元/t的碳税将产生13～14美元/t的额外收益。

2009年，MacKerron等在Energy Policy上发表了题为*Willingness to pay for carbon offset certification and co-benefits among (high-)flying young adults in the UK*的文章，文章中调查了私人消费者对自愿碳抵消补偿项目的支付意愿，这些项目具有潜在的可持续发展的共同利益，包括生物多样性、人类发展、低碳技术和市场发展，这些共同利益会鼓励消费者参与自愿抵消市场。研究发现，通过投资具有共同利益的项目和强调消费者的共同利益可以鼓励自愿碳抵消，政策制定者和自愿碳抵消提供者可能能够通过强调这种共同利益来提高对自愿碳抵消的接受意愿。

2015年，Cheng等发表在*Energy for Sustainable Development*上的题为

Impacts of carbon trading scheme on air pollutant emissions in Guangdong Province of China 的文章构建了 CGE 模型，拟合了 2007—2020 年中国广东省及其他地区，在基准情景和政策情景下的 CO_2 和大气污染物排放轨迹，评估了碳交易制度政策对广东省大气污染物减排的影响。模拟结果表明，与基准情景相比，政策情景下的碳排放在 2020 年的协同效应为 SO_2 和 NO_x 排放分别减少 12.4% 和 11.7%，碳交易部门之间的交易隐含量为 3.8 万 t 的空气污染物，价值约为 5 000 万美元。

2003 年，DESSUS 等在 *Environmental and Resource Economics* 上发表的题为 *Climate policy without tears: CGE-based ancillary benefits estimates for Chile* 的文章研究了智利气候政策的一系列效应，即减少当地空气污染物的排放和相关的健康效应，将货币化收益与碳减排的直接成本进行比较，从而确定了 CO_2 减排的范围。研究表明，即使在最保守的假设下（低支付意愿、低弹性），智利也可以在没有净福利损失的情况下在 2010 年的基础上减少近 20% 的 CO_2 排放；如果智利的目标是将颗粒物浓度降低 20%，则颗粒物税的成本将略低于同等水平的碳税，并且也可以实现同样的健康效应。

2009 年，Wittman 等在 *Society & Natural Resources* 上发表了题为 *Carbon offsets and inequality: social costs and co-benefits in Guatemala and Sri Lanka* 的文章，研究比较了美国由化石燃料发电公司资助的 2 个碳抵消项目——危地马拉的第一个明确资助抵消温室气体排放的林业项目和斯里兰卡的第一个农村太阳能电气化 - 碳抵消融资协议项目。该研究显示，不能从 CDM 项目中实现抵消目标和发展协同，CDM 项目可能会对社会公平产生负面影响；其作者认为未来的抵消协议和后京都气候谈判应该更密切地关注环境、透明度和社会公平问题，以最大限度地减少碳交易的社会成本。

2018 年，Mu 等在 *Applied Energy* 上发表了题为 *How will sectoral coverage affect the efficiency of an emissions trading system? A CGE-based case study of China* 的文章，采用 CGE 模型详细描述了电力和其他能源密集型行业，该模型还包括完整的 CO_2 排放核算模块和碳市场模拟。通过量化不同部

门覆盖选择对碳交易机制政策效率的影响程度，研究讨论了在国家自主贡献目标下部门覆盖范围将如何影响排放交易系统的效率，以寻求碳市场的最优部门覆盖设计。结果表明，中国的碳交易机制并不需要覆盖所有部门，部门覆盖范围有限的碳交易机制可以产生更大的空气污染减排效应，且随着碳配额变得更加严格，需要额外的政策来减轻碳交易机制的经济负担，如投资可再生能源技术或将中国的碳交易机制与其他碳交易机制项目联系起来。

2020 年，Yan 等在 *Energy Policy* 上发表了题为 *Emissions trading system (ETS) implementation and its collaborative governance effects on air pollution: the China story* 的文章，采用 DID 模型与中介效应模型对中国 30 个省（自治区、直辖市）的 267 个地级市 2003—2016 年的面板数据进行了评估，从环境效应的角度检验碳交易试点是否能够协同治理空气污染。该文章研究了碳交易系统的实施及其协同治理对空气污染的影响，验证了中国碳交易制度试点要素设计的合理性。结果表明，中国碳交易试点确实对雾霾污染浓度水平有显著的降低作用，最大限度地提高了气候变化与大气污染的协同治理效率。这一成果为环境治理与碳交易方案相结合的协调治理模式提供了一种新的思维方式。

综合现有研究，国内外学者已从多个地理维度及分行业、分污染物等多个层次结构分析了碳交易制度与大气污染控制政策的相互影响。高空间精确度的排放源数据能更好地反映微观个体变化对整体区域环境健康的影响，然而目前运用排放点源数据分析碳交易带来的环境与健康变化的研究仍较少。

3.3 热点词频和主题演变

研究热点指的是在一段时间内具有较高的研究频次和较强的内在互动关系的研究问题或者方向。关键词是对文章核心内容的高度概括和提炼，研究中通常用出现频次高、互动性强的关键词指代研究热点。

国际碳市场研究高频关键词云图

在碳市场环境影响研究的现有文献中，学者目前重点关注气候变化（climate-change）、能源问题（energy）、相关政策（policy）及其带来的影响（impact）等方面，研究主题逐渐深化和细化，关于气候变化的研究也具体到对排放（emissions）的关注上。在研究碳排放（CO_2，carbon）时，相关研究重点关注能源（energy）和市场（ETS，market）问题，并多数集中在中国（China）。碳减排（mitigation，reduction，abatement）与碳市场（ETS）和减排技术（technology）息息相关。在研究碳市场时，研究主要集中在政策设计（scheme）、管理机制（management）及其产生的协同效应（co-benefits，benefits）方面。在协同效应（co-benefits，benefits）方面，空气污染（air-pollution）是重要的研究主题。在研究空气污染时，主要研究政策（policy），特别是相关市场机制（cap，targets，allocation）的影响

（impact）。关于碳减排（reduction）协同效应（co-benefits）的研究涉及不同行业（sector）及企业（industry）。研究过程采用不同的模型（model），重点关注碳减排效率（efficiency）和市场表现（performance）。随着碳达峰、碳中和目标的提出，碳市场（carbon market）和环境（environment）仍旧为碳市场协同效应研究的主要研究对象。

4 中国碳市场

碳市场是推动中国实现“双碳”目标的重要政策工具，其运营涉及多方责任主体，需要大量法律、制度、政策、技术、核算、数据及能力建设作为基础，其发展也是长期经验总结与不断完善的过程。中国碳市场发展主要经历了参与国际 CDM 项目、地方碳交易试点建设和全国碳市场建设 3 个主要阶段。

4.1 参与国际 CDM 项目

CDM 是《京都议定书》所建立的以成本有效的方式在全球范围内实施温室气体减排的 3 种灵活机制之一。CDM 允许发达国家提供资金和先进技术、设备在发展中国家境内实施碳减排项目，并由此获得核证减排量（certified emission reductions，CERs），以便帮助发达国家遵守其在《京都议定书》中所承担的约束性温室气体减排的义务，同时为发展中国家的可持续发展作出贡献。

中国国内的 CDM 项目最早可以追溯到 2002 年，荷兰政府与中国政府签订了内蒙古自治区辉腾锡勒风电场项目。此后，CDM 项目在中国逐渐发展。2006 年，中国取代印度、巴西成为全球 CDM 项目的第一大国。

中国 CDM 项目主要集中在风力发电、水力发电、余热发电、生物质发电、节能和能效提升、CH_4 回收利用及垃圾焚烧发电等多个领域。2017 年的北京上庄燃气热电有限公司的北京海淀北部区域能源中心（燃气热电联产）项目是中国最后一个 CDM 项目。截至 2021 年 1 月，国家发展改革委共批准了 3 764 个 CDM 项目，主要集中于风电（1 512 个）、水电（1 322 个）、余热回收（209 个）、光伏（160 个）和煤层气（83 个）领域。开发 CDM 项目有利于引进国外的资金与先进技术，改善中国高排放、重污染部门资金短缺及环保设施匮乏的状态。中国早期引进 CDM 项目对推进国内碳市场发展起到了积极作用。

4.2 地方碳交易试点建设

4.2.1 发展历程

2008 年，国家发展改革委提出建立国内碳交易所，北京、上海、天津相继成立环境资源交易所。

2009 年，中国正式对外宣布了清晰的温室气体减排量化目标，决定到 2020 年单位 GDP 的 CO_2 排放量比 2005 年下降 40% ～ 45%。

2010 年，全国首家碳减排联盟——武汉碳减排协会正式成立，其主要任务就是探索市场化的碳减排体制机制。该协会发动了 100 家企业、1 000 户家庭和 1 万名志愿者对企业、家庭、个人的碳排放量进行盘查，选择了冶金、建材、汽车和电子电器 4 个行业试点制定碳盘查认证标准。

2011 年，“十二五”规划发布，明确提出逐步建立碳交易市场，推进低碳试点示范。当年 10 月，《国家发展改革委办公厅关于开展碳排放权交易试点工作的通知》（发改办气候〔2011〕2601 号）发布，批准在北京、天津、上海、重庆、广东、湖北、深圳 7 个省（市）开展碳交易试点工作，并要求编制碳交易试点实施方案，各试点地区要着手研究制定碳交易试点管理办法和温室气体排放指标分配方案。试点地区的选取具有典型性，横跨东部沿海地区，并延伸至中部地区。12 月，国务院印发《“十二五”控制温室气体排放工作方案》（国发〔2011〕41 号），提出探索建立碳市场，包括建立自愿减排交易机制、开展碳交易试点、加强碳交易支撑体系建设、制定相应法规和管理办法、研究提出温室气体排放权分配方案，逐步形成区域碳交易体系。

2012 年 3 月，国务院批转了国家发展改革委《关于 2012 年深化经济体制改革重点工作的意见》，其中再次提到开展碳排放权和排污权交易试点。一系列政策措施的出台标志着中国采取实际行动践行减排承诺，碳市场在中国的发展正式进入地方试点建设阶段。

2013 年 6 月—2014 年 6 月，深圳、上海、北京、广东、天津、湖北和重庆相继启动碳交易，首批纳入碳交易试点的主要是电力、钢铁、水泥、有色、石化等高能耗、高碳排放工业企业，部分碳交易试点将建筑部门的地产、商贸等子行业及交通部门的航空运输业一并纳入。

中国地方碳市场对区域经济和环境政策产生积极影响

截至 2014 年 6 月末，中国七大碳交易试点均已正式启动运行，交易平台分别为深圳排放权交易所、上海环境能源交易所、北京环境交易所、广州碳排放权交易所、天津排放权交易所、湖北碳排放权交易中心和重庆碳排放权交易中心。地方碳交易试点主要借鉴欧盟排放交易体系，实施在总量控制下的碳交易，交易产品为碳配额及可用于抵消配额清缴的国家核证自愿减排量（CCER）。除此以外，其他地区也积极响应国家号召投入碳市场的探索与建设中，开展了碳市场的相关工作。随着福建省于2016年年底正式启动碳交易，中国已建成八大地方碳交易试点，各试点的具体启动时间、政策文件与主要内容见下表。

中国地方碳交易试点建设标志性政策文件与主要内容

发布时间	标志性文件	主要内容
2011年3月16日	《国民经济和社会发展第十二个五年规划纲要》	单位GDP的能源消耗降低16%，CO_2排放降低17%；建立完善的温室气体排放统计核算制度，逐步建立碳市场；推进低碳试点示范
2011年8月31日	《国务院关于印发“十二五”节能减排综合性工作方案的通知》	开展碳交易试点，建立自愿减排机制，推进碳市场建设
2011年10月29日	《国家发展改革委办公厅关于开展碳排放权交易试点工作的通知》	批准北京、天津、上海、重庆、湖北、广东及深圳开展碳交易试点
2012年3月18日	《关于2012年深化经济体制改革重点工作的意见》	推进环保体制改革，开展碳排放权和排污权交易试点；建立健全生态补偿机制
2012年6月13日	《温室气体自愿减排交易管理暂行办法》	明确自愿减排项目备案及项目减排量管理、交易、注销等办法
2013年6月18日	深圳市启动碳交易	深圳市碳市场正式启动，首批重点企业包括635家工业企业和200多栋大型公共建筑
2013年11月26日	上海市启动碳交易	首批纳入电力、钢铁、水泥、有色、石化等工业企业及地产、商贸等建筑业，共197家
2013年11月28日	北京市启动碳交易	北京市碳市场正式启动
2013年12月19日	广东省启动碳交易	广东省碳市场正式启动
2013年12月26日	天津市启动碳交易	天津市碳市场正式启动，纳入钢铁、化工、电力热力、石化、油气开采行业，共114家企业
2014年4月2日	湖北省启动碳交易	首批纳入2010年、2011年任一年综合能耗6万t及以上的电力、钢铁、水泥、化工等12个行业，共138家企业
2014年6月19日	重庆市启动碳交易	首批纳入254家年碳排放量超过2万t的工业企业
2016年12月23日	福建省启动碳交易	福建省碳市场正式启动，纳入2013—2015年内单年综合能耗达1万tce（含）的电力、石化、化工、建材、钢铁、有色、造纸、航空、陶瓷9个行业，共277家企业

4.2.2 交易量与价格

在碳配额分配方面，各试点交易所主要按照以免费发放为主、以适时推行有偿方式为辅的原则，采取适当手段增强控排企业的碳交易积极性。从地方碳交易试点的交易量与交易价格来看，在全国碳市场正式上线运营以前，2019—2020 年中国各试点碳市场总体表现较好，其中广东和湖北两省的交易规模位居前列，总成交量和总成交额远超其他地区。2020 年，广东省的碳交易总量和总额分别为 3 211 万 t CO_2e 和 81 961 万元，在地方碳交易试点中列首位。

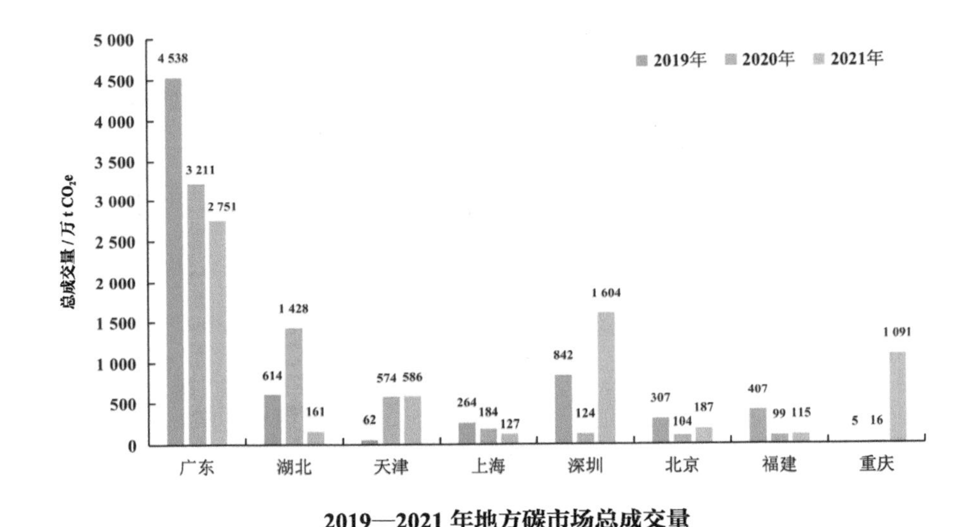

2019—2021 年地方碳市场总成交量

各地碳交易价格总体比较平稳，北京环境交易所的碳交易价格最高，2020 年达到约 92 元 /t 的价格水平，上海环境能源交易所的碳交易价格在 41 元 /t 左右，其他交易所的碳交易价格大体在 10 ～ 25 元 /t。生态环境部的数据显示，截至 2021 年 6 月，试点省（市）的碳市场累计配额成交量为 4.8 亿 tCO_2e，成交额约为 114 亿元。从试点碳交易数据来看，平均成交价格约为 23.75 元 /t，全国 7 个试点地区（除重庆市）近两年的加权平均碳交易价格约为 40 元 /t。

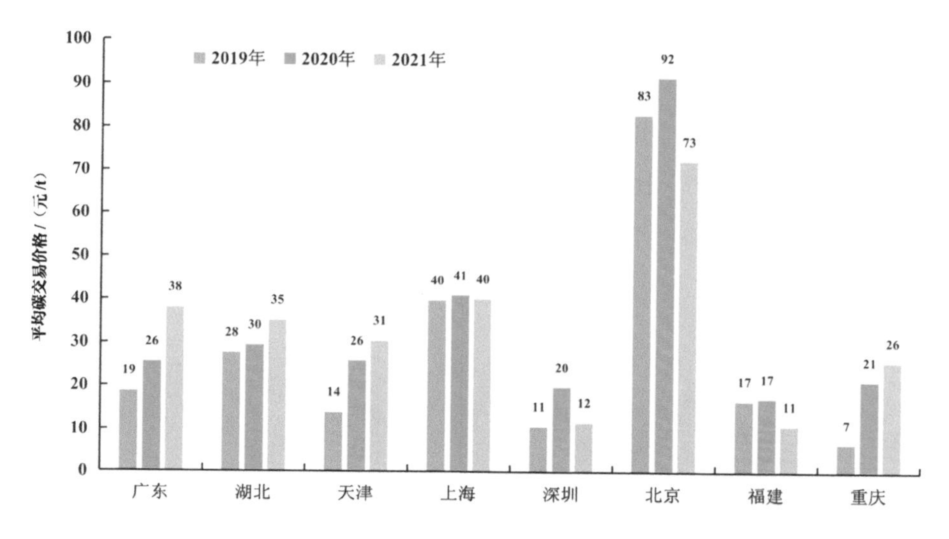

2019—2021 年地方碳市场平均碳交易价格

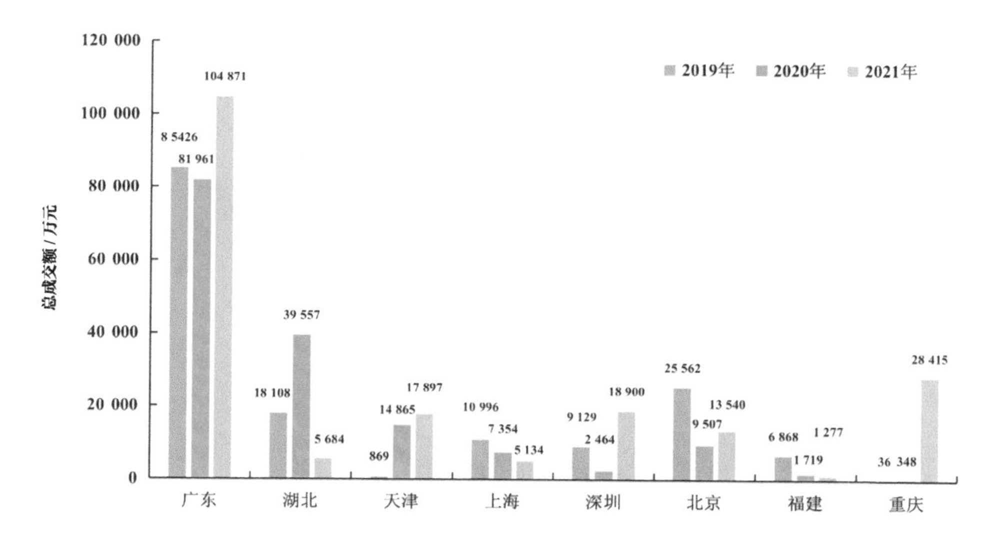

2019—2021 年地方碳市场总成交额

4.2.3 行业覆盖范围

从地方碳交易试点行业覆盖情况来看，地方碳市场共纳入 20 余个行业约 3 000 家重点排放单位，不同地方碳市场根据当地实际情况设计了各具特色的市场覆盖范围和碳交易政策机制。例如，湖北省、广东省和天津市 3 个试点因为第二产业比较发达，纳入监管单位的碳排放界限较高；北京市和深圳市由于第三产业较发达，纳入监管单位的碳排放界限较低，企业以商贸服务业为主。

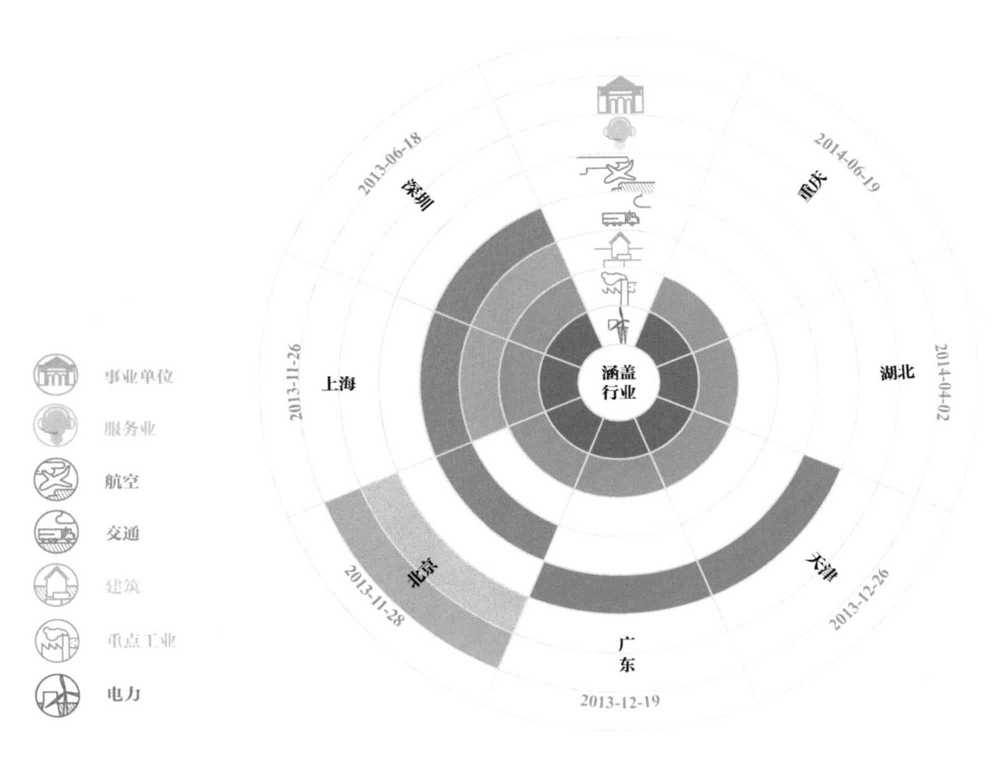

中国地方碳市场行业覆盖情况

各地方试点纳入企业的标准见下表。

中国地方碳交易试点纳入企业的标准

试点省（市）	纳入标准
北京	本市年 CO_2 排放总量在 5 000 t（含）以上
上海	本市钢铁、石化、化工、有色、电力等工业行业年碳排放量（包括直接排放和间接排放）2 万 t 及以上的重点排放企业，以及非工业行业年碳排放量 1 万 t 及以上的重点排放企业
广东	省内（除深圳）电力、钢铁、石化和水泥 4 个行业年排放量为 2 万 tCO_2（或年综合能源消费量达 1 万 tce）及以上的企业
天津	根据本市行政区域碳排放总量控制目标和相关行业碳排放等情况，结合初始碳核查、核算结果确定纳入企业
深圳	本市年排放量在 5 000 t 以上的工业企业和大型公共建筑等
湖北	省内年综合能源消费量 6 万 tce 及以上的重点工业企业（排放量在 12 万 tCO_2e 及以上）
重庆	本市 2011—2014 年任一年度综合能源消费总量达到 5 000 tce 以上（含）的独立法人，覆盖电力（发电、电网）、钢铁生产、有色金属冶炼（电解铝、镁冶炼）、建材（水泥、平板玻璃、陶瓷）、化工（化学原料和化学制品制造）、航空（航空运输业、机场）六大行业
福建	省内电力、石化、化工、建材、钢铁、有色、造纸、航空、陶瓷 9 个行业，2013—2015 年任意一年综合能耗达 1 万 tce（含）的企业，在全国率先纳入陶瓷行业

4.2.4 经验与成果

地方碳交易试点经过多年摸索与建设取得了积极进展，逐渐发展成要素完整、各具特色的地方碳市场。各地区碳交易试点立足本区域实际情况，出台了一系列相关政策措施，初步建立了根基相同又各具特色的碳市场运营机制与 MRV 体系，为建设全国碳交易市场积累了宝贵经验，见下表。

中国 7 个碳交易试点指标汇总

试点省（市）	深圳	上海	北京	广东	天津	湖北	重庆
开放时间	2013 年 6 月 18 日	2013 年 11 月 26 日	2013 年 11 月 28 日	2013 年 12 月 19 日	2013 年 12 月 26 日	2014 年 4 月 2 日	2014 年 6 月 19 日
覆盖范围	电力、天然气、供水、制造、大型公共建筑、公共交通	电力、钢铁、石化、化工、有色、建材、纺织、造纸、橡胶和化纤、交通、建筑、铁路	电力、热力、水泥、石化、其他工业、事业单位、服务业、交通运输	电力、水泥、钢铁、石化、造纸、民航	电力、热力、钢铁、化工、石化、油气开采、造纸、航空和建筑材料	电力、热力、有色金属、钢铁、化工、水泥、石化、汽车制造、玻璃、陶瓷、供水、化纤、造纸、医药、食品饮料	电力、电解铝、铁合金、电石、烧碱、水泥、钢铁
准入原则	任意一年的碳排放量达到 3 000 tCO_2e 以上的企业，大型公共建筑和建筑面积达到 1 万 m^2 以上的国家机关办公建筑的业主	工业领域中年综合能源消费量达 1 万 tce 以上的单位	固定设施年 CO_2 直接排放与间接排放总量达 5 000 t（含）以上的单位和企业	排放 2 万 tCO_2（或年综合能源消费量达 1 万 tce）及以上的企业	钢铁、化工、电力、热力、石化、油气开采等重点排放行业和 2009 年以来排放 1 万 t CO_2 以上的企业	年能耗 1 万 tce 以上的企业	任一年度排放量达到 2 万 tCO_2e 的工业企业
企业总计 / 家	811	381	945	296	139	236	254
占总排放量的比例 / %	40	45	49	65	60	35	—
行情信息公开	当日、历史数据	周报、月报、年报	当日、历史数据	前一日交易数据	当日、历史数据	前一日交易数据	当日、月报、年报

试点省（市）	深圳	上海	北京	广东	天津	湖北	重庆
减排目标	2020年与2005年相比，碳排放强度降低45%；到2022年，温室气体排放量达到峰值	2020年与2015年相比，碳排放强度减少20.5%，且总CO_2排放量限制在2.5亿t以内	2020年与2015年相比，碳排放强度减少20.5%	2020年与2015年相比，碳排放强度减少20.5%	2020年与2015年相比，碳排放强度减少20.5%	2020年与2015年相比，碳排放强度减少19.5%	2020年与2015年相比，碳排放强度减少19.5%
配额分配方法	历史法＋基准线法	历史法＋基准线法	历史法	历史法＋基准线法	历史法	历史法＋基准线法	基准线法
配额发放	无偿	无偿	无偿	无偿＋有偿	无偿＋有偿	无偿	无偿
无偿配额	≤95%	100%	≥95%	≤97%	—	≥90%	100%
有偿分配	拍卖（小于总量的3%）＋≥2%定价出售	—	＜5%竞价拍卖＋＜5%定价出售	≥3%竞价拍卖	—	＜3%竞价拍卖＋＜7%定价出售	—
交易主体	交易会员及其开户的机构和个人	自营类和综合类交易会员	履约与非履约机构及个人	交易会员及其委托方	交易会员及被认可的机构和个人等	交易会员	符合一定条件的单位和个人
交易方式	电子竞价、定价点选和大宗交易	挂牌交易、协议转让	公开交易、协议转让	挂牌点选、协议转让	拍卖交易、协议转让	协商议价转让、定价转让	协议转让
交易产品				碳配额、CCER			
碳金融工具	碳债券、碳基金、碳资产质押融资、境内外碳资产回购式融资、碳配额托管、绿色结构性存款	碳配额远期、CCER质押、碳中和、借碳交易、卖出回购	碳配额场外期权、碳配额远期	碳配额抵押	碳资产质押融资	碳基金、碳资产质押融资、碳债券、碳资产托管、碳金融结构性存款、碳配额回购融资	碳资产质押融资

试点省（市）	深圳	上海	北京	广东	天津	湖北	重庆
规范性文件	《深圳市碳排放权交易核查机构及核查员管理暂行办法》（2014年6月9日）	《上海市碳排放核查第三方机构管理暂行办法》（2014年1月10日） 《上海市碳排放核查工作规则（试行）》（2014年3月12日）	《北京市碳排放权交易核查机构管理办法》（2013年11月20日） 《北京市碳排放报告第三方核查程序指南（2015版）》	《广东省企业碳排放核查规范（2017）》（2017年2月24日）	—	《湖北省温室气体排放核查指南（试行）》（2014年7月18日）	《重庆市企业碳排放核查工作规范（试行）》（2014年5月28日）
地方性法规	《深圳市经济特区碳排放管理若干规定》（2012年10月30日）	—	《关于北京市在严格控制碳排放总量前提下开展碳排放权交易试点工作的决定》（2013年12月27日）	—	—	—	—
政府规章	《深圳市碳排放权交易管理暂行办法》（2014年3月19日）	《上海市碳排放管理试行办法》（2013年11月20日）	《北京市碳排放权交易管理办法（试行）》（2014年5月28日）	《广东省企业碳排放管理试行办法》（2013年12月17日）	《天津市碳排放权交易管理暂行办法》（2016年3月21日）	《湖北省碳排放权管理和交易暂行办法》（2014年3月17日）	《重庆市碳排放权交易管理暂行办法》（2013年3月27日）

北京市的碳交易试点具有控排企业多、交易产品丰富的特点，其碳市场 MRV 监管机制较为完善，为其良好运行提供了坚实的基础。北京市主管部门要求企业每三年选择一个新的第三方核查机构对其碳排放进行核查，以限制企业与核查机构的重复互动，同时对第三方核查结果进行独立抽查，以进一步提高监管力度。

上海市在制度设计、系统建设和市场管理等方面具有鲜明特点。一方面，采取精细化管理办法将责任落实到人，试点工作小组办公室将人员分成若干小组，每人负责 1 ～ 3 个行业的几十家控排单位，就数据报送、配额分配、系统开户、清缴配额等流程给予针对性指导；另一方面，违约处罚机制规定对未能完成履约的企业处以 5 万～ 10 万元的罚款，促使上海市的碳市场完成履约率处于领先地位。

湖北省的碳市场具有“抓大放小”的特点，纳入了电力、钢铁、水泥、石化化工等高能耗、高排放行业产业，但不纳入电子、航空等发展空间较大的行业产业。通过逐步收紧行业控排系数、降低纳入门槛、扩大纳入范围，碳配额不断收紧，进而有效地提高了市场的活跃度，使湖北省的碳交易量位居试点前列。湖北省通过设定相应的损益封顶措施，降低了因数据质量、经济形势波动为企业带来的履约压力，从而保证了市场的平稳。

广东省碳交易试点借鉴欧盟碳市场的经验，一开始便引入拍卖机制，通过有偿发放碳配额等方式提高了控排企业对碳排放数据、碳资产管理、碳市场履约的重视。此外，拍卖机制可以及时补充市场供应，补足短缺仓位，因而提升了市场交易的活跃度。

深圳市碳交易试点开始得最早、门槛最低，碳配额分配方式也最科学合理。深圳市探索建立了强有力的法律基础、完善的配套规则和严格的执法体系，《深圳经济特区碳排放管理若干规定》是中国首个规范碳交易的法律法规。在配额分配方面，深圳市因地制宜地采取了绝对总量和相对总量的双重控制目标，并根据管控单位的实际生产情况进行了配额分配，激励企业参与减排，提高了市场的活跃度。

天津市的碳市场交易平台开发相对完善，拍卖、挂牌、交易、协议转账、网络现货均可在统一平台实现，提升了运营的便利性。同时，天津市是继深圳市之后第二个开放个人投资的试点，拓宽了碳市场的参与范围。

重庆市实施总量控制目标，以试点企业2008—2012年既有产能最高年度排放量之和作为基准量实施总量控制，并于2013—2015年逐年下降。此举既发挥了碳市场运用市场手段实现企业减排的职能，又有利于鼓励企业积极节能减排。

通过近10年的细致探索和辛苦经营，地方碳交易试点为碳市场在中国的建设营造了良好的舆论环境，提高了政府、企业和个人的参与程度与认知，提升了企业的碳资产管理能力。重点排放单位履约率保持在较高水平，市场覆盖范围内碳排放总量和强度保持“双降”。从区域分布来看，碳交易试点覆盖了中国不同经济发展水平、资源禀赋、能源消费状况和行业构成的区域。中国幅员辽阔，不同省份、不同城市的经济社会发展状况差异较大。通过在不同地区开展碳交易试点工作，可以为中国构建全国统一的碳市场、应对不同区域存在的复杂因素提供重要的理论基础和宝贵的实践经验。

4.3 全国碳市场建设

4.3.1 准备阶段（2013—2019年）

党中央、国务院高度重视全国碳交易体系建设，相关政策文件及内容见下表。2013年，中国共产党第十八届中央委员会第三次全体会议通过了《中共中央关于全面深化改革若干重大问题的决定》，全国碳市场设计工作正式启动。2014年12月，国家发展改革委起草了《碳排放权交易管理暂行办法》，确立了全国碳市场的总体框架。2015年9月，中美双方发表《中美元首气候变化联合声明》，提出中国计划于2017年启动全国碳交易体系，将覆盖钢铁、电力、化工等重点工业行业，明确了全国碳市场的启动时间。2016年1月，《国家发展改革委办公厅关于切实做好全国碳排放权交易市场启动重点工作的通知》（发改办气候〔2016〕57号）发布，协同推进全国碳市场建设，以确保在2017年启动全国碳交易，全国碳市场建设进入攻坚时期。2016年10月，国务院印发《“十三五”控制温室气体排放工作方案》（国发〔2016〕61号），对于建设和运行全国碳市场做出明确要求。

2017 年 12 月，国家发展改革委印发全国碳市场建设的重要指导性文件——《全国碳排放权交易市场建设方案（发电行业）》（发改气候规〔2017〕2191 号），标志着全国碳市场完成总体设计，全国碳交易体系正式启动。根据相关方案要求，2018 年为全国碳市场的基础建设期，重点任务是完成全国统一的数据报送系统、注册登记系统和交易系统建设；2019 年是模拟运行期，重点开展发电行业配额模拟交易，检验全国市场各要素环节的有效性和可靠性。

全国碳市场准备阶段的政策文件与主要内容

发布时间	政策文件	主要内容
2013 年 11 月 12 日	《中共中央关于全面深化改革若干重大问题的决定》	发展环保市场，推行节能量、碳排放权、排污权、水权交易制度，建立吸引社会资本投入生态环境保护的市场化机制
2014 年 12 月 10 日	《碳排放权交易管理暂行办法》	推动建立全国碳市场，适用于中国境内碳交易活动配额管理、排放交易、核查与清缴、监督管理、法律责任等
2015 年 9 月 25 日	《中美元首气候变化联合声明》	中国计划于 2017 年启动全国碳交易体系，将覆盖钢铁、电力、化工、建材、造纸和有色金属等重点工业行业
2016 年 1 月 11 日	《国家发展改革委办公厅关于切实做好全国碳排放权交易市场启动重点工作的通知》	提出拟纳入全国碳交易体系的企业名单，对拟纳入企业的历史碳排放进行核算、报告与核查，培育和遴选第三方核查机构及人员，强化能力建设
2016 年 10 月 27 日	《“十三五”控制温室气体排放工作方案》	到 2020 年，单位国内生产总值 CO_2 排放比 2015 年下降 18%，建立全国碳交易制度，2017 年启动全国碳市场，到 2020 年力争建成制度完善、交易活跃、监管严格、公开透明的全国碳市场，强化全国碳交易基础支撑能力
2017 年 12 月 18 日	《全国碳排放权交易市场建设方案（发电行业）》	全国碳市场建设的重要指导性文件，标志着全国碳交易体系正式启动

全国碳市场的启动还面临着与地方交易试点的衔接和并存问题，相关学者结合理论分析、数学模型等多种方法进行了研究并给出了建议，见下表。处理地方试点与国家碳市场的衔接问题就是要形成“试点先行先试为国家

积累经验，并逐步纳入国家碳市场”的统一碳市场格局。各地方交易所在交易主体、交易方式、交易产品、交易工具、碳配额分配机制和 CCER 抵消机制等方面的建设和发展既相互联系又相互区别，为中国全国碳市场的建设在一定程度上提供了借鉴，通过对各个试点市场的去粗取精，可以使碳市场建设稳步推进，在逐渐完善的过程中建设高质量的成熟碳市场。

地方碳交易试点与全国碳市场衔接的问题及建议

问题	观点	文献作者
制度体系不兼容	完善立法，制定国家层面的碳交易法律法规，并在各地制定相关的实施细则及配套的法律机制	张黎明，2018；林宣佐等，2019
	覆盖范围逐步增大，市场主导，创新金融服务	张蓓蓓，2016；李旸等，2018
	CCER 抵消标准由国家统一管理	刘汉武等，2019
	温室气体纳入排污许可管理	文思嘉等，2020
	在多个试点纳入一个整体，在中国与国际接轨时要注意市场间的联动效应，注意外部因素的影响	李可隆，2020
市场监管不完善、体系界限不明	明确责任，国家主管部门负责统一监管，省级主管部门负责本行政区内的监管，交易机构应对重点单位进行监管	刘汉武等，2019；林宣佐等，2019
	完善 MRV 体系，实现温室气体排放清单编制的系统化和常态化	易兰，2019；陈欣等，2020
	明确地方开展核查的技术规范和流程要求、核查机构选取方式和时间安排；制定第三方核查机构管理办法，对各地方备案和遴选的核查机构进行全面评估和动态管理，确定合格的第三方核查机构名单	汪明月等，2017；刘汉武等，2019
	建设数据直报系统，提升数据的准确性和可溯源性	刘汉武等，2019
	加强信息披露	孙振清等，2018；陈欣等，2020
碳配额分配标准	地方试点自行决定去留并处理剩余配额	刘汉武等，2019
	应根据总量减排目标和历史排放情况确定重点排放单位配额量，并且应根据不同行业的减排难度与减排潜力，差异化行业控排系数与市场调节因子，优化重点排放单位配额量	王科，2022
	采用历史—基准趋近法进行碳配额分配，有助于缩小中国区域间的碳排放差异，为基准线法的全面应用奠定基础	包懿庆，2017；赵永斌等，2019

问题	观点	文献作者
碳配额分配标准	与传统碳配额分配流程相比，基于目标模式的改进流程可减少省区部门碳配额分配结果的不确定性，且更具有动态性和前瞻性	朱潜挺等，2017
	在低能耗行业聚集区域采用“祖父原则”分配方式的碳市场流动性较高、波动性稳定，为最优的分配方式；在高低能耗行业散布型区域及高能耗行业密集型区域，混合分配方式虽然提升了市场的流动性，但市场未达到弱式有效，若考虑转向拍卖方式，则既能推动企业形成高效的生产模式，也有利于形成透明的碳配额市场交易价格，从而达到最优的资源配置	胡东滨等，2017
	以全国总量减排目标为前提，通过构建纳什均衡模型，可以得出满足各地区经济与环境效用最大化的碳配额初始分配方案	崔焕影，2018
	全国碳市场应该选择“自上而下，上下结合”的总量设定路径及“国家—省域—行业—企业”多层次配额分配路径	蒋惠琴等，2020
	根据单一原则下各地区的分配数据，计算各原则对应的相对剥夺系数，并通过以相对剥夺系数为基础的公平感受评价构建权重，最终形成多原则综合加权的分配方案	杨超，2019
交易平台不协同	加强基础系统建设，充分利用大数据等手段满足国家碳市场的多元化、多层次需求	刘汉武等，2019；李可隆，2020

4.3.2 首个履约周期（2020—2021 年）

2020 年 12 月，生态环境部公布了《碳排放权交易管理办法（试行）》，并同步印发了《2019—2020 年全国碳排放权交易配额总量设定与分配实施方案（发电行业）》（国环规气候〔2020〕3 号），还发布了首批重点排放单位名单，划定排放配额的企业是年排放量在 2.6 万 tCO_2e 以上的发电企业，年覆盖 CO_2 排放量约 45 亿 t。其中，《碳排放权交易管理办法（试行）》定位于规范全国碳交易及相关活动，规定了各级生态环境主管部门和市场参与主体的责任、权利和义务，以及全国碳市场运行的关键环节和工作要求，包括温室气体重点排放单位、分配与登记、排放交易、排放核查与配额清缴、监督管理、罚则和附则等内容。《2019—2020 年全国碳排放权交易配额总量设定与分配实施方案（发电行业）》主要包括纳入配额管理的重点排放单位名单，纳入配额管理的机组类别，配额总量，配额分配方法，配额发放，配额清缴，重点排放单位合并、分立与关停情况的处理等内容。

从 2021 年 1 月 1 日起，全国碳市场首个履约周期正式启动，至 2021 年 12 月 31 日结束。完整的履约周期包括 4 个重要节点：3 月 31 日前，重点排放单位应开展全年监测、收集数据，编制并提交上年度排放报告；6 月 30 日前，省级生态环境主管部门组织碳排放核查工作，确认数据真实性，并确定下一年度重点排放单位名录；9 月 30 日前，省级生态环境主管部门核定并向重点排放单位发放上一年度最终配额；12 月 30 日前，重点排放单位完成上一年度配额清缴。

2021 年 3 月，生态环境部发布了《关于公开征求〈碳排放权交易管理暂行条例（草案修改稿）〉意见的通知》，明确了碳配额分配方式包括免费分配和有偿分配两种，初期以免费分配为主，根据国家要求适时引入有偿分配，并逐步扩大有偿分配比例，同时增加 CCER 的规定，CCER 核证主管部门变更为生态环境部。从交易机制来看，全国碳排放交易所仍将采用与各区域试点一样的以配额交易为主导、以 CCER 为补充的双轨体系。

2021 年 5 月，生态环境部同时发布《碳排放权登记管理规则（试行）》、《碳排放权交易管理规则（试行）》和《碳排放权结算管理规则（试行）》，进一步规范了全国碳排放权的登记、交易、结算活动，明确了主要责任机构与相关规则。

2021 年 7 月 16 日，全国碳市场上线交易正式启动，首个履约周期至 2021 年 12 月 31 日为止，首批纳入了 2 162 家发电行业重点排放单位，覆盖约 45 亿 tCO_2 排放量，一举使中国成为全球规模最大的碳市场。全国碳市场上线首日的碳配额挂牌协议交易成交量为 410.4 万 t，成交额为 2.1 亿元，收盘价为 51.23 元 /t，较开盘价上涨 6.73%。

2021 年 10 月，生态环境部向各地方生态环境主管部门发布了《关于做好全国碳排放权交易市场第一个履约周期碳排放配额清缴工作的通知》（环办气候函〔2021〕492 号），督促完成区域内碳配额核定及清缴配额量确认工作，做好年底重点排放单位履约工作。

2021 年 12 月 31 日，全国碳市场第一个履约周期顺利结束。首个履约

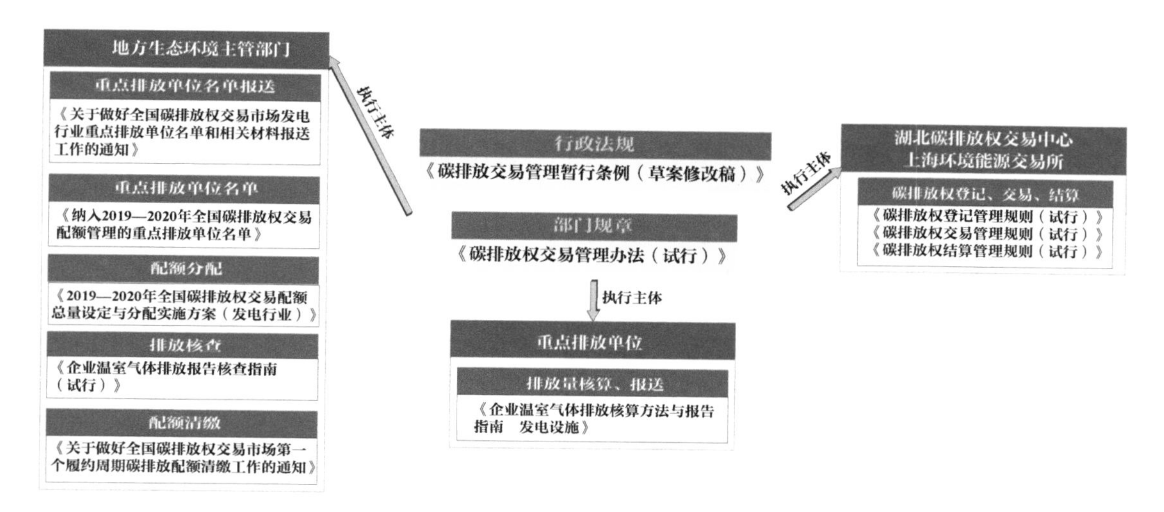

全国碳市场首个履约周期政策体系

周期运行了114个交易日，累计成交量达1.79亿t碳配额，累计成交额达76.61亿元，履约完成率为99.5%，12月31日收盘价为54.22元/t。这是中国第一次从国家层面将温室气体控排责任压实到企业，通过市场倒逼机制促进产业技术的升级。

碳市场是推动中国实现“双碳”目标的重要政策工具，中国碳达峰、碳中和“1+N”政策体系中对碳市场未来发展有着清晰的设计和谋划。2021年9月22日，《中共中央　国务院关于完整准确全面贯彻新发展理念做好碳达峰碳中和工作的意见》（以下简称《意见》）印发。作为中国碳达峰、碳中和“1+N”政策体系中的“1”，《意见》对碳达峰、碳中和工作进行了系统谋划、总体部署，强调要加快建设完善全国碳市场，逐步扩大市场覆盖范围，丰富交易品种和交易方式，完善配额分配管理。2021年10月26日，国务院印发《2030年前碳达峰行动方案》（以下简称《方案》），作为实现2030年碳达峰目标的行动和操作指南，对《意见》内容进行进一步的深化和落实。《方案》中再次提到发挥全国碳市场的作用，进一步完善配套制度，逐步扩大交易行业范围，将碳交易纳入公共资源交易平台。全国碳市场首个履约周期的政策文件与主要内容见下表。

全国碳市场首个履约周期的政策文件与主要内容

发布时间	政策文件	主要内容
2019年5月27日	《关于做好全国碳排放权交易市场发电行业重点排放单位名单和相关材料报送工作的通知》	组织开展全国碳市场发电行业重点排放单位（2013—2018年任一年温室气体排放量达到2.6万 tCO_2e 或综合能源消费量约1万tce）名单和相关材料报送
2020年12月30日	《2019—2020年全国碳排放权交易配额总量设定与分配实施方案（发电行业）》	明确首个履约周期应纳入配额管理的机组类别、配额分配方法、配额发放、配额清缴，以及重点排放单位合并、分立与关停情况处理等
2020年12月30日	《纳入2019—2020年全国碳排放权交易配额管理的重点排放单位名单》	公布了2 162家纳入碳市场首个履约周期的企业名单
2020年12月31日	《碳排放权交易管理办法（试行）》	适用于全国碳交易及相关活动，包括碳配额分配和清缴，碳排放权登记、交易、结算，温室气体排放报告与核查等活动，以及对前述活动的监督管理
2021年3月30日	《碳排放权交易管理暂行条例（草案修改稿）》	碳配额分配方式包括免费分配和有偿分配两种，初期以免费分配为主，根据国家要求适时引入有偿分配，增加自愿减排核证的规定
2021年5月17日	《碳排放权登记管理规则（试行）》	适用于全国碳排放权持有、变更、清缴、注销等登记业务监督管理，全国碳排放权注册登记机构成立前，由湖北碳排放权交易中心有限公司承担注册登记系统的账户开立和运行维护
2021年5月17日	《碳排放权交易管理规则（试行）》	适用于全国碳交易及相关服务业务监督管理，全国碳交易机构成立前，由上海环境能源交易所股份有限公司承担全国碳交易系统账户开立和运行维护
2021年5月17日	《碳排放权结算管理规则（试行）》	适用于全国碳交易的结算监督管理
2021年9月22日	《中共中央 国务院关于完整准确全面贯彻新发展理念做好碳达峰碳中和工作的意见》	加快建设完善全国碳市场，逐步扩大市场覆盖范围，丰富交易品种和交易方式，完善配额分配管理，将碳汇交易纳入全国碳市场
2021年10月24日	《2030年前碳达峰行动方案》	发挥全国碳市场作用，进一步完善配套制度，逐步扩大交易行业范围。统筹推进碳排放权、用能权、电力交易等市场建设，加强市场机制间的衔接与协调，将碳排放权、用能权交易纳入公共资源交易平台
2021年10月26日	《关于做好全国碳排放权交易市场第一个履约周期碳排放配额清缴工作的通知》	督促重点排放单位尽早完成配额清缴，2021年12月15日前各行政区域95%的重点排放单位完成履约，12月31日全部重点排放单位完成履约

4.3.3 参与主体

通过地方碳交易试点多年的实践与摸索，全国碳市场相关制度、技术规范、管理体系已基本成型，逐步建立起以重点排放单位为核心的全国碳市场“十大责任主体”，重点排放单位（首个履约周期纳入的 2 162 家排放单位）是碳排放核算、报告与碳配额交易的主体，其排放报告与相关数据通过报送平台报送。生态环境部、省级生态环境主管部门和市级生态环境主管部门构建了国家和地方两级碳市场管理体系，行使对全国碳市场的监管职责。全国碳排放权注册登记机构成立前，湖北碳排放权交易中心有限公司与上海环境能源交易所股份有限公司分别承担全国碳排放权注册登记系统和交易系统的开户、运维工作。此外，部分企业委托第三方咨询机构编制上一年度排放报告，委托第三方检测机构检测燃煤低位发热量、元素碳含量等数据；第三方核查机构受省级主管部门委托对企业的排放报告进行核查，并出具核查报告。

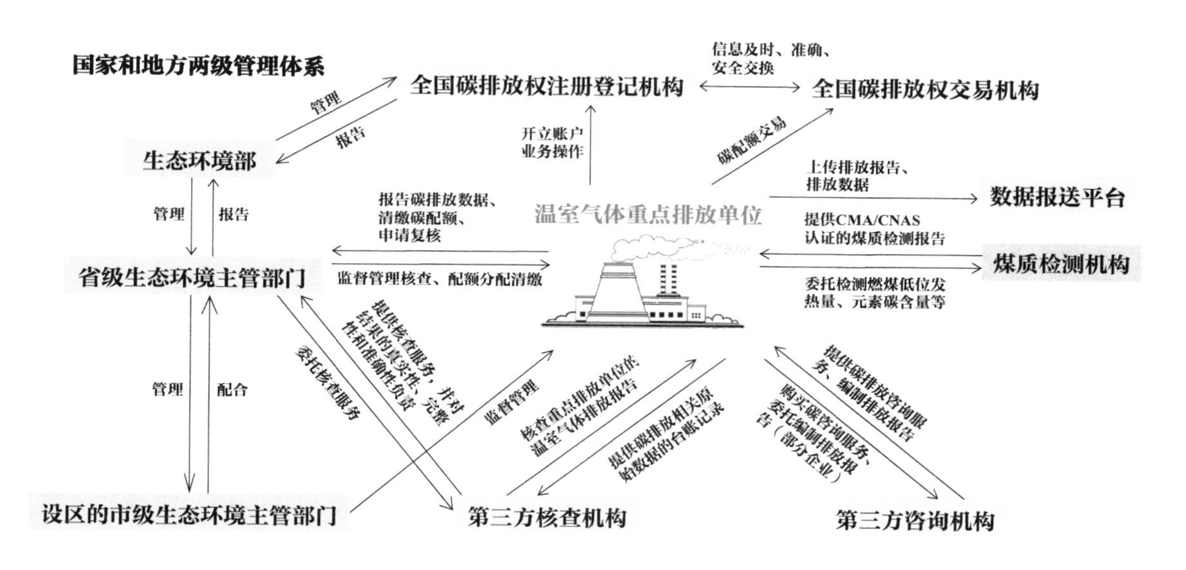

中国碳市场十大责任主体

4.3.4 配额分配与碳价

1. 全国碳市场配额分配

全国碳交易采用以配额交易为主导、以 CCER 为补充的双轨体系。配额分配制度是碳交易体系中的关键。

配额分配模式可以分为有偿分配和无偿分配两大类：前者包括拍卖和按固定价格出售等方式，体现了“谁污染，谁治理”的原则，具备公平性，但成本较高；后者包括历史法、基准线法等不同的分配方法（不同分配方法的对比见下表）。碳排放权初始配额分配方式对碳交易市场的发展有重要影响，不同的分配方案对碳配额的利用效率、碳交易市场的价格、碳配额在市场上的流动性及环境经济效益等有不同的影响。

碳市场配额分配方法优劣对比

方法	历史法	基准线法
原理	根据企业历史碳排放强度及历史排放总量进行分配	根据不同行业、不同生产流程及不同设施设置相应的基准值
优势	方式简单、数据易于获取、管理成本低	更公平，能激发企业的积极性
劣势	难以促进企业创新减排、“鞭打快牛”	数据获取难度大、项目繁多，容易受到主观因素的影响

很多学者对中国现阶段的配额分配方式（整体和行业层面）进行了分析，并在此基础上提出了分配方案建议。包懿庆（2017）认为，碳排放权初始分配应是一个渐进式的模式，在碳市场建立初期以无偿分配为主、有偿分配为辅；随着碳市场的不断发展与完善，逐步降低无偿分配在所有分配中所占的比例；在碳市场完全成熟、交易制度全面完善时，实现完全的有偿分配。张浩等（2021）通过研究碳配额实践的国际经验，分析了不同配额分配方式的优缺点，指出免费分配容易造成配额数量过多，进而使碳配额的价格信号失真，难以发挥碳市场的资源配置作用。吴洁等（2015）通过构建 CE3MS 模型，研究了在不同的初始配额分配方式下碳市场对中国地区宏观经济及行业竞争力的影响，结果显示拍卖方式更能保护能源行业的发展，有利于产业结构调整。赵永斌等（2019）认为，历史 - 基准趋近法

比较适合中国碳市场启动初期区域排放不平衡的基本国情，有助于缩小中国区域间的碳排放差异，为基准线法的全面应用奠定基础，而且在构建全球碳市场的过程中，面对更大的国际碳排放差异，其不失为一种可行的配额分配方法的制定思路。

中国地方碳交易试点的配额发放绝大部分是免费的，分配的方法主要包括基于企业本年实际产量的历史法和基准线法。免费分配的方式可以激发企业参与到碳减排的行动中，但是不利于提高碳配额的分配效率，从而导致一些企业因可以免费获得配额而降低了对减排创新技术的开发，最终扭曲了碳交易市场。电力行业等高耗能产业及数据基础相对较优的行业会采用基准线法进行碳配额的分配，其他行业则一般采用历史法，具体见下表。

中国地方碳交易试点配额分配方法分析

试点省（市）	配额分配方法	配额发放方式	无偿配额	有偿分配
深圳	历史法 + 基准线法	无偿	≤ 95%	拍卖（小于总量的 3%）+ ≥ 2% 定价出售
上海	历史法 + 基准线法	无偿	100%	—
北京	历史法	无偿	≥ 95%	< 5% 竞价拍卖 + < 5% 定价出售
广州	历史法 + 基准线法	无偿 + 有偿	≤ 97%	≥ 3% 竞价拍卖
天津	历史法	无偿 + 有偿	—	—
湖北	历史法 + 基准线法	无偿	≥ 90%	< 3% 竞价拍卖 + < 7% 定价出售
重庆	基准线法	无偿	100%	—

生态环境部于 2020 年 12 月发布的《2019—2020 年全国碳排放权交易配额总量设定与分配实施方案（发电行业）》采用基准线法核算重点排放单位所拥有机组的配额量，重点排放单位的配额量为其所拥有各类机组配额量的总和。配额的发放分为两个阶段：先按照机组在 2018 年度供电量和供热量的 70% 向重点排放单位预分配配额；在完成 2019 年和 2020 年碳排放数据核查后，再按机组 2019 年和 2020 年的实际供电量和供热量对配额进行最终核定，以最终核定的配额量为准，多退少补。由于全国碳市场首个

履约周期采用两年度合并履约的方式，发放的碳配额也为2019年与2020年的配额之和。

2. 碳交易量与价格

碳交易价格（以下简称碳价）是碳交易体系中的核心组成部分，是政府进行碳金融政策调整的重要依据，对整个碳交易体系的平稳运行起到重要作用。

针对碳定价，现有研究主要集中于制定方式和影响因素两方面。当前主流的碳定价方式分为碳税和碳交易。有研究认为，以短期来看采用碳税能够较为准确地衡量减排成本，而且见效快、效率高，但是其长期效果具有不确定性，最终很可能是企业将减排成本转嫁给消费者，而不是企业真正意义上的节能减排；从长期来看，采用碳交易虽然见效较慢，但能够充分发挥市场机制的作用，是实现碳减排最具成本效益的方法（孔祥云，2019）。研究人员普遍认为，政策调整、能源价格、宏观经济及气候环境等是影响碳价波动的主要因素。张云（2018）从市场基本面和政策信息两个层面分析了碳价的驱动因素，发现政策信息对中国碳价的影响并不显著，而交易所层面的信息和市场基本面因素对碳价的影响显著。路京京（2019）将中国碳价的驱动因素划分为需求侧驱动因素（能源价格、经济发展水平、宏观政策等）、供给侧驱动因素（配额总量、配额分配）和市场制度因素，认为能源价格是碳价的核心驱动因素之一。陈娜等（2020）通过混合回归与固定效应模型、随机效应模型计算发现，煤炭价格指数是影响碳价波动的主要因素。

上海环境能源交易所的数据显示，开市当天碳交易量超过百万吨，之后5个交易日的交易量为十几万吨，再之后日交易量便在万吨以下且部分日成交量不足百吨，成交量呈明显下降态势。随着履约截止日期的临近，市场流动性逐步增强。自2021年11月开始，全国碳市场交易量显著提升，11月日均成交量达到104.68万t，总成交量达2 302.97万t，超过前4个月成交量的总和。进入12月，全国碳市场单日成交量屡创新高。截至2021年12月3日，全国碳市场的碳配额累计成交量达5 139.71万t，近6个交易日单日成交额均超过1亿元。12月15日，全国碳市场在第102个交易日成交量突破 1 亿 t 大关。截止到 12 月 31 日，全国碳市场首个履约周期上线运行 114 个交易日，碳配额累计成交量为 1.79 亿 t，累计成交额为 76.61 亿元。整体来看，全国碳市场首个履约周期的交易量存在“高开低走”、市场不够活跃、临近履约期推高交易量等现象，碳价总体呈下行趋势。

中国在地方碳试点阶段的碳价波动幅度大，且各试点之间价格存在较大差别。深圳市在加入碳试点初期时的价格在 25 ～ 130 元 /t 之间波动，近年来价格渐趋稳定，在 25 ～ 50 元 /t 之间浮动；北京市的碳价相对波动大，在 35 ～ 80 元 /t 之间浮动；广东省的碳价以 60 元 /t 为起始价，后在 10 ～ 25 元 /t 之间波动；重庆市的整体碳价偏低，甚至出现 2 元 /t 的价格。7 个试点的碳价在 1 ～ 130 元 /t 之间波动，价格波动频繁且剧烈。全国碳市场首个履约周期的碳价呈先下降、后上升的趋势。2021 年 7 月 16 日，全国碳市场开盘价为 48 元 /t，随后波动上升，在 8 月初价格达到顶峰；8—11 月碳价保持较低水平，均价低于 45 元 /t；进入 12 月后，由于清缴最后期限临近，碳价出现强势反弹，截至 12 月 31 日收盘价为 54.22 元 /t，较 7 月 16 日首日开盘价上涨 13%。

4.3.5 MRV 体系

全国碳市场的交易产品为碳配额，配额的确定、发放与清缴依赖统计核算。建立科学、真实、公平、完善的 MRV 体系是碳交易机制建设运营的基本要素，是提升碳排放数据质量的有力保障，也是保障碳市场平稳健康发展的关键。中国碳市场的发展历程伴随着 MRV 体系不断完善。

1. 核算与报告体系

完整准确地统计碳排放活动数据、核算碳排放量是碳市场运行的重要基础，一系列指南的出台明确了企业碳排放数据的来源、核算边界、核算方法和缺省值，以及数据质控与报告要求，构建了碳市场数据监测体系。2013 年 10 月，国家发展改革委印发了首批 10 个行业企业的温室气体排放核算方法与报告指南（试行），明确了电力、钢铁、水泥等工业行业与民航企业的碳排放核算方法，奠定了碳市场企业级碳排放数据核算的基础。

2014 年 12 月与 2015 年 7 月，国家发展改革委又分别印发第二批 4 个行业和第三批10个行业的碳排放核算指南，在进一步完善工业行业碳排放核算方法的同时，又纳入了制造业、公共建筑与陆上交通等其他行业和领域，进一步扩大了核算方法的覆盖范围，形成的24个企业温室气体排放核算方法与报告指南为地方碳市场核算碳排放提供了方法依据。

为做好全国碳市场首个履约周期相关基础工作，生态环境部于2021年3月印发了《企业温室气体排放核算方法与报告指南　发电设施》（环办气候〔2021〕9号），作为重点排放单位2020年排放报告的编制与报送依据。新版指南在2013年《中国发电企业温室气体排放核算方法与报告指南（试行）》的基础上，对核算细节进行了修改完善，具体包括不再核算电厂脱硫过程的CO_2排放，燃煤碳氧化率不区分煤种，明确燃煤消耗量、低位发热量及元素碳含量数据的优先序（入炉煤高于入厂煤），明确自行检测采样、制样、化验、换算的方法标准等，进一步完善了电力行业碳排放核算方法。

2021年年底，生态环境部发布了《企业温室气体排放核算方法与报告指南　发电设施（2021年修订版）》（征求意见稿），针对重点排放单位反馈、生态环境主管部门座谈调研收集，以及执法检查过程中发现的涉及碳排放核算方法与报告的诸多问题，对《企业温室气体排放核算方法与报告指南　发电设施》的适用范围、术语定义、工作程序、核算边界、数据质控、数据实测的检测依据和测试频次等核算细节作出详细修订。同时，面向各级生态环境主管部门、企事业单位、科研院所与社会公开征求修改意见，旨在细化重点排放单位碳排放数据在检测、记录、传递、保存、取样、制样、送检、存证和核算各环节的质量控制要求，压缩数据造假空间，提升可操作性，确保公平、统一。

2022年3月，生态环境部发布了《企业温室气体排放核算方法与报告指南　发电设施（2022年修订版）》（环办气候函〔2022〕111号），将其作为全国碳市场第二个履约周期重点排放单位碳排放核算的方法依据。新版指南总结了首个履约周期企业碳排放核算出现的问题与不足，在引用文件、术语定义、核算边界、核算公式、电力排放因子等多方面做出修订。例如，增加引用了《煤中全硫的测定方法》（GB/T 214—2007）、《煤中全硫测定　红外光谱法》（GT/T 25214—2010）、《煤中全水分测定　自动仪器法》（DL/T 2029—2019）等标准；新增对热电联产机组、纯凝发电机组和母管制系统的名词解释；新增核算边界示意图，并对核算边界进行详细阐述；修订了对实测元素碳含量的企业化石燃料燃烧碳排放的核算方法；修订了热电联产机组供电量的计算方法，同时将除尘及脱硫脱硝装置消耗电量计入厂用电量，不区分委托运营或合同能源管理等形式；修订了供热比计算方法；将全国电网排放因子由 0.610 1 tCO_2/（MW·h）调整为最新的 0.581 0 tCO_2/（MW·h），等等。

通过一系列核算方法与报告指南，中国初步建立起碳市场重点排放单位碳排放核算与报告体系，核算方法也在实践中不断更新和完善。

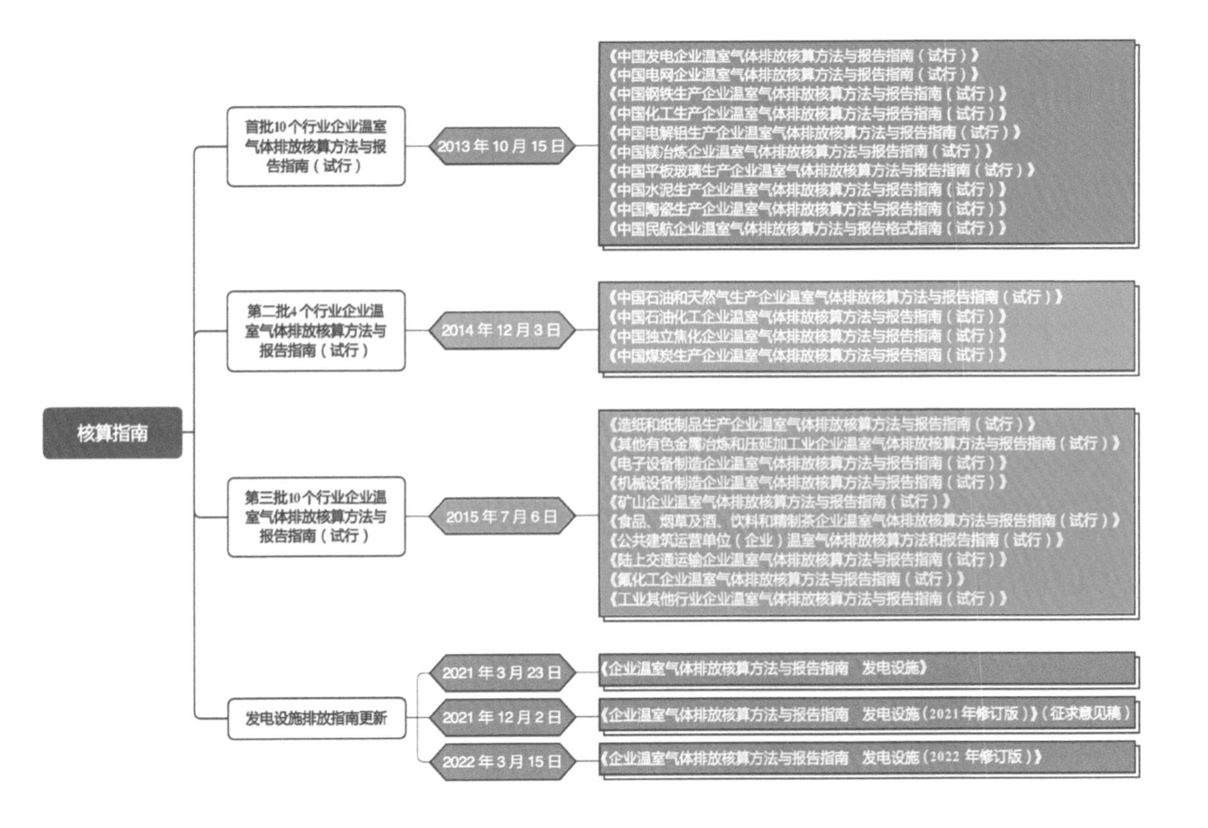

碳市场各行业企业温室气体排放核算方法与报告指南

2. 核查监管体系

碳市场运行体系涉及政府管理部门、交易所、交易主体、第三方机构等多个主体，由于碳市场是典型的政策主导型市场，在其运行过程中相关政策制度的不断完善是碳交易良性运行的必要条件。

碳交易的对象具有特殊性和复杂性，容易出现较高的市场风险，因此必须构建完善的监管体系，以保证碳市场相关数据的真实性与碳交易机制的正常运转。

2019 年 1 月和 12 月，生态环境部先后发函要求地方生态环境主管部门组织第三方核查机构对管理区域内的企业提交的 2018 年度和 2019 年度排放报告与补充数据表进行核查。进入全国碳市场首个履约周期后，2021 年 3 月，生态环境部印发《企业温室气体排放报告核查指南（试行）》（环办气候函〔2021〕130 号），明确了重点排放单位温室气体排放报告的核查原则和依据、核查流程和要点、核查复核及信息公开等内容。

2021 年 10 月，生态环境部印发《关于做好全国碳排放权交易市场数据质量监督管理相关工作的通知》（环办气候函〔2021〕491 号），针对全国碳市场首个履约周期存在的数据问题，要求生态环境主管部门对本行政区域内重点排放单位 2019 年度和 2020 年度的排放报告和核查报告进行全面自查，建立碳市场排放数据质量管理长效机制。通过多年的实践摸索，全国碳市场逐渐建立起一套相对完整的核查监管体系，保障了碳市场数据的真实性。

在中国碳市场的核查体系中，地方生态环境主管部门与第三方核查机构是发挥关键作用的主体。碳核查机构作为第三方独立机构，由省级生态环境主管部门通过公开招标选定，负责本区域内第三方核查相关工作的组织实施、综合协调和监督管理，既协助政府对交易主体进行监督，又对交易主体的权利进行保护，协调政府与交易主体二者的关系，是政府与企业之间的“桥梁”。目前，24 个省份和试点地区已遴选出的第三方核查机构约有 300 家。由于各地经济发展水平和碳市场发展程度不一，核查机构的水平也参差不齐。下表总结了中国碳市场核查与监管体系的相关政策文件与主要内容。

中国碳市场核查与监管体系相关政策文件与主要内容

发布时间	政策文件	主要内容
2016年1月11日	《全国碳排放权交易第三方核查参考指南》	指导核查机构实施对重点排放单位温室气体排放报告及补充数据的核查工作
2016年1月11日	《全国碳排放权交易第三方核查机构及人员参考条件》	明确第三方机构及核查人员的相关条件
2019年1月17日	《关于做好2018年度碳排放报告与核查及排放监测计划制定工作的通知》	地方主管部门组织第三方核查机构对企业（或者其他经济组织）提交的2018年度排放报告和补充数据表进行核查
2019年12月27日	《关于做好2019年度碳排放报告与核查及发电行业重点排放单位名单报送相关工作的通知》	地方主管部门组织核查机构对八大行业企业（或其他经济组织）提交的2019年度排放报告和补充数据表进行核查
2021年3月26日	《企业温室气体排放报告核查指南（试行）》	规定了重点排放单位温室气体排放报告的核查原则和依据、核查程序和要点、核查复核及信息公开等内容
2021年10月23日	《关于做好全国碳排放权交易市场数据质量监督管理相关工作的通知》	对本行政区域内重点排放单位2019年度和2020年度的排放报告和核查报告进行全面自查，建立碳市场排放数据质量管理长效机制

汪明月等（2017）提出，现有的核查机构和核查人员数量相对不足，核查市场陷于供不应求的困局，而且存在核查费用来源不明确、核查的独立性难以保证的问题。周泽兴（2019）认为，由于碳交易的特殊性，监管需具备较强的专业性，因此应该侧重对信用的考察、对风险的管控，提升核查人员的专业素养以保证核查报告质量尤为重要。文胜蓝（2018）认为，中国《碳排放权交易管理暂行办法》的立法层次较低，应加快颁布碳排放权交易管理条例，明确第三方核查机构和核查人员的法律责任，构建统一的碳交易核查市场准入制度。张丽欣等（2019）认为，国家和地方的管控要求差异较大，相关标准规范尚待统一，核查机构人员水平参差不齐，亟须在法律法规体系、标准规范、机构人员管理等方面予以完善。

3. 处罚体系

在碳市场的运行机制中，重点排放单位要对本单位温室气体排放报告的真实性、完整性和准确性负责，同时要保证在规定时间内完成数据上报与配额清缴等工作。建立健全碳市场相关政策法规、完善违规处罚体系是保障碳市场平稳健康运行的根本。中国碳市场首个履约周期对违规行为的处罚主要参考《碳排放权交易管理办法（试行）》。其中，对重点排放单位虚报、瞒报温室气体排放报告，拒绝履行温室气体排放报告义务的行为，处 1 万元以上 3 万元以下的罚款，逾期未改正的，对虚报、瞒报部分等量核减其下一年度配额；对于重点排放单位未按时足额清缴配额的情况，处 2 万元以上 3 万元以下的罚款，逾期未改正的，对欠缴部分等量核减其下一年度配额。当前全国碳市场的法律法规与处罚体系尚不完善，存在政策驱动、保障性不足、缺乏法律依据、处罚效力较低等问题。

4.3.6 行业特点

纳入首批全国碳市场的重点排放单位全部为电力企业，其原因主要有 3 点：①电力是全国碳排放量最高的行业，当前电力行业的碳排放量占全国碳排放总量的 40% 以上，将发电企业纳入首批碳市场能够充分发挥市场控制碳排放的积极作用；②电力生产工艺流程简单、设备明确（锅炉、汽轮机、发电机三大主机）、产品单一（发电量、供热量），碳排放集中于能源活动直接排放与少量外购电力间接排放，不涉及复杂工艺过程，核算边界明确，核算方法清晰；③电力行业数据基础相对健全，煤耗量、供电量、供热量等主要指标由于涉及结算，统计基础较好。全国碳市场首个履约周期未纳入其他高能耗、高排放行业，行业类型单一。同时，碳排放权暂不具备投资属性，即当前仅有被分配到碳配额的企业可以参与交易，个人与机构投资者暂时无法参与其中。这在一定程度上避免了市场投机行为，但也限制了碳交易市场的活跃程度，降低了市场的有效性，很难实现以市场化手段引导减排的目的。

5 碳市场环境影响国内研究综述

本章选用CNKI数据库，以检索式TS =（“碳市场”或“碳价格”或“碳交易”或“碳交易 *”或“碳配额”或“市场机制”）AND TS =（“污染物”或“大气污染物 *”或“$PM_{2.5}$”或“SO_2”或“NO_x”或“健康 *”或“死亡”或“协同效应 *”或“协同增效”）进行高级检索，并对其进行筛选以保证文献的可靠性，最终获得了1 286篇相关文献。这些与碳市场环境影响研究相关的文献发表在2005—2022年，其中发表在学术期刊上的共计621篇，学位论文共计665篇。

5.1 发文量

中国碳市场环境影响的相关研究作为热点研究方向，其发文量整体呈增长趋势，2011年前后出现了第一个小高峰，这与中国地方碳交易试点正式启动的时间一致。随后数年热度不减，发文量呈波动增长趋势。2021年，全国碳市场正式开启首个履约周期，关于碳市场环境影响研究的发文量迎来第二个高峰期，年发文量达203篇。从每年的引用量来看，对2010年、2011年发表文章的引用量最高，超过1 000次。随着中国“双碳”目标的持续推进，碳市场作为重要的政策工具预计将在中国发挥日益重要的作用，未来关于碳市场的持续发展对环境健康影响的研究将持续深化。

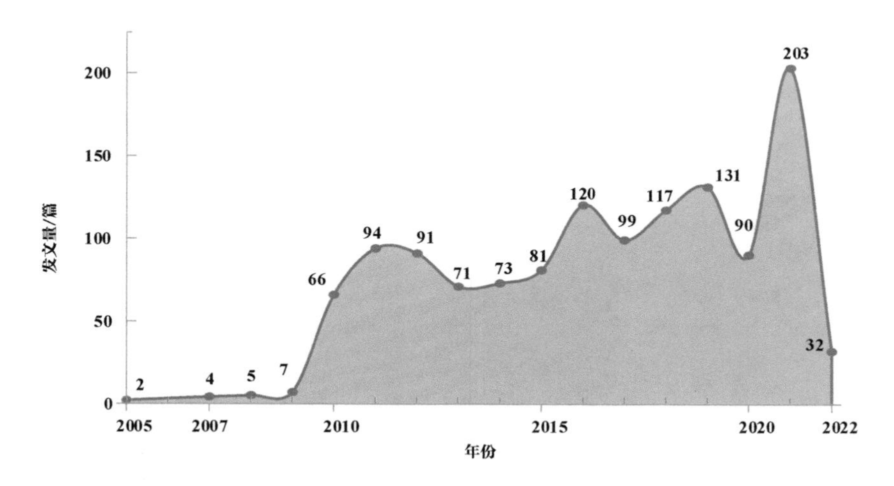

中国碳市场环境影响研究年发文量

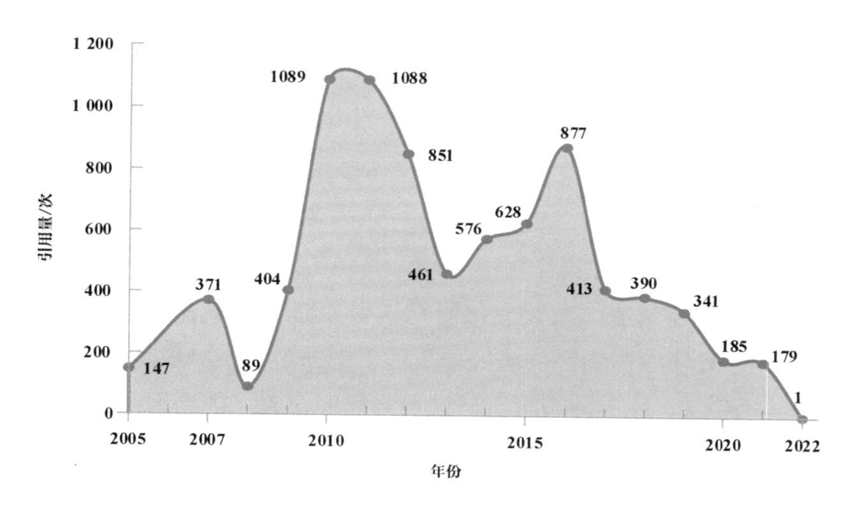

中国碳市场环境影响研究年引用量

5.2 重点研究方向

中国国内针对碳市场对经济、环境、健康等的影响开展了积极研究，主要基于宏观经济模型研究碳市场对环境的整体影响，并且多以污染物排放量作为环境影响评价的主要指标。引用量和下载量较高的文献集中在碳市场机制设计及碳市场对社会经济的影响方面，主要讨论碳市场的环境影响，侧重于碳市场的节能和技术进步影响效果。

2007 年，南京林业大学于天飞的学位论文《碳排放权交易的市场研究》从产权理论和排污权交易理论入手，对建立碳交易机制的理论基础及其现实意义进行了理论分析，并从碳交易规则、减排政策、资金机制、运作模式等方面分析了影响碳交易的主要因素，初步构建了市场机制下的碳交易制度，并在研究碳交易的过程中引入期权机制。该研究认为，用经济学的视角和方法来认识和解决碳交易问题的实质是用市场机制解决或弱化资源配置中的价格扭曲，实现经济的良性增长，利用市场机制解决环境问题的适用性还处于探索中。

2015 年，时佳瑞等在《中国管理科学》期刊上发表了题为《基于 CGE

模型的碳交易机制对我国经济环境影响研究》的学术论文，基于 CGE 模型，引入碳交易机制模块，构建了碳交易机制仿真 CGE 模型，以定量估计碳交易机制对我国经济与环境的影响。结果表明，碳交易机制能有效降低碳强度和能源强度，促进我国节能减排进程，但同时会对经济产生一定的负面影响。随着减排率的提高，碳价将逐步上升，进而加强了碳交易机制的碳减排力度及其对经济的冲击作用。

2016 年，刘宇等在《气候变化研究进展》期刊上发表了题为《天津碳交易试点的经济环境影响评估研究——基于中国多区域一般均衡模型 Term CO_2》的学术论文，以天津市地方碳试点为研究对象，依据天津市碳交易试点制度要素设置情景，模拟其对全市的经济环境影响，分析了行业内及行业间的相互影响。结果显示，天津市碳交易试点的减排效果较明显，且对经济的负面影响有限。

2013 年，黄鹂在《金融理论与实践》期刊上发表了题为《基于生态环境建设的我国碳金融市场发展战略路径思考》的学术论文，认为建立碳金融体系（包括构建碳金融市场体系、碳金融服务体系和碳金融监管体系），鼓励个人、企业和金融机构参与碳金融的投融资活动，需要积极从碳金融市场发展步骤、发展动力、发展环境、微观主体及风险规制等方面探索碳金融市场发展的战略路径及具体的实施机制和措施。

2015 年，北京化工大学武佳倩的学位论文《基于 Agent 的碳交易机制设计及对经济与环境影响研究》基于 Multi-agent 模型，分别构建了基于历史法则的碳交易模型和基于拍卖法则的碳交易模型，以探寻碳交易最优机制设定及其对我国经济与环境的影响。结果显示，碳交易对碳减排和能源结构改善有积极作用，但是对经济有负面影响，“祖父原则”碳排放权分配政策对经济的冲击作用相对平缓，而标杆准则分配政策对经济的冲击较为猛烈。

2016 年，北京化工大学时佳瑞的学位论文《基于 CGE 模型的中国能源环境政策影响研究》构建了中国 40 个部门的 CGE 模型，并将资源税模块和碳交易模块引入其中，以此研究两项政策对中国经济和环境的影响。结果显示，煤炭资源税改革会对经济产生负面冲击，且会随税率提高而增加，但是会随时间推移而减弱，并能有效减少煤炭的消费并增加其他能源的消费，以此促进能源结构调整，同时能够促进 CO_2 及主要污染物排放量的有效减少，改善大气环境。

2018 年，山西大学裴彦婧的学位论文《碳交易市场对山西省经济 - 能源 - 环境影响研究：基于系统动力学的分析》构建了系统动力学模型，分析了碳市场对山西省经济 - 能源 - 环境的影响。结果显示，碳市场对山西省经济发展存在短期负面效应，对能源消费与节能降耗有积极的正向促进作用。

2019 年，西南财经大学卿倩钰的学位论文《碳排放权交易视角下企业环境绩效评价研究——以宝钢股份为例》在企业层面研究碳交易对其环境治理、环境绩效的影响，基于碳交易制度采用数据包络分析（DEA）模型对宝山钢铁股份有限公司进行环境绩效研究。结果显示，碳交易与企业绿色生产的经营目标并行不悖，是企业环境绩效管理的有效工具。

5.3 热点词频和主题演变

在研究中国碳市场环境影响的文献中，学者们重点关注碳市场的发展进程和减排效应，以及对大气污染物、健康方面带来的影响。高频关键词集中在“发展”“经济”“减排”“金融”“机制”“环境”“政策”“健康”等词汇上。根据现有文献，针对中国地方碳交易试点与全国碳市场开展案例研究，在研究 CO_2 排放时，会与能源、经济、政策、机制等问题一同研究，同时对涉及的部门、行业、企业开展了深入探

中国碳市场环境影响研究高频关键词云图

讨，并考虑碳市场发展对 CO_2 与大气污染物减排的协同效应。

通过对 2005—2022 年中国碳市场环境影响相关研究的长期梳理分析，总结出了伴随碳市场在中国的发展历程而出现的研究主题与方向的变化情况。2000—2010 年，中国尚未建立全国统一的碳市场，地方碳交易试点也尚未运行，此时的文献研究内容主要围绕碳交易、体系、制度、机制、模式、框架、创新、CDM、碳汇等宏观主题，研究方向倾向于碳市场机制设计与制度建设；2011—2015 年，中国先后在深圳、北京等 8 个省（市）建立了地方碳交易试点，中国碳市场进入地方试点阶段，地方试点碳交易制度已初步建立，相关研究主题围绕碳交易试点、区域、交易、定价、机制、本土化、差异、碳金融等，研究方向倾向于发现地方碳交易试点的不足，以及对于碳定价、碳配额分配、交易平台、MRV 体系等制度创新的研究；2016—2020 年，中国地方碳交易试点已运行多年，积累了宝贵经验，且全国统一的碳市场进入准备阶段，此时气候变化、发展、经济、环境、意愿、协同、影响、评估等成为热门研究主题，碳市场的发展给经济、社会、环境造成的影响成为研究热点；2021—2022 年，随着中国“双碳”目标的提出及全国碳市场第一个履约周期正式上线运行，气候变化、市场机制、低碳路径、减排措施、协同效应、减污降碳等成为主要研究主题，发文量也迎来了第二个高峰期。

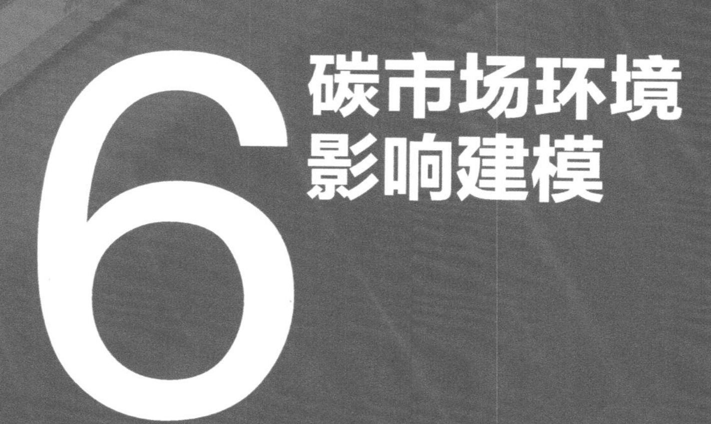

6 碳市场环境影响建模

6.1 技术路线

本章采用机制模型、环境健康定量统计学模型和 GIS 空间分析模型研究方法，结合现场调研、政府管理部门走访和专家研讨等多种形式，开展建模和研究工作。

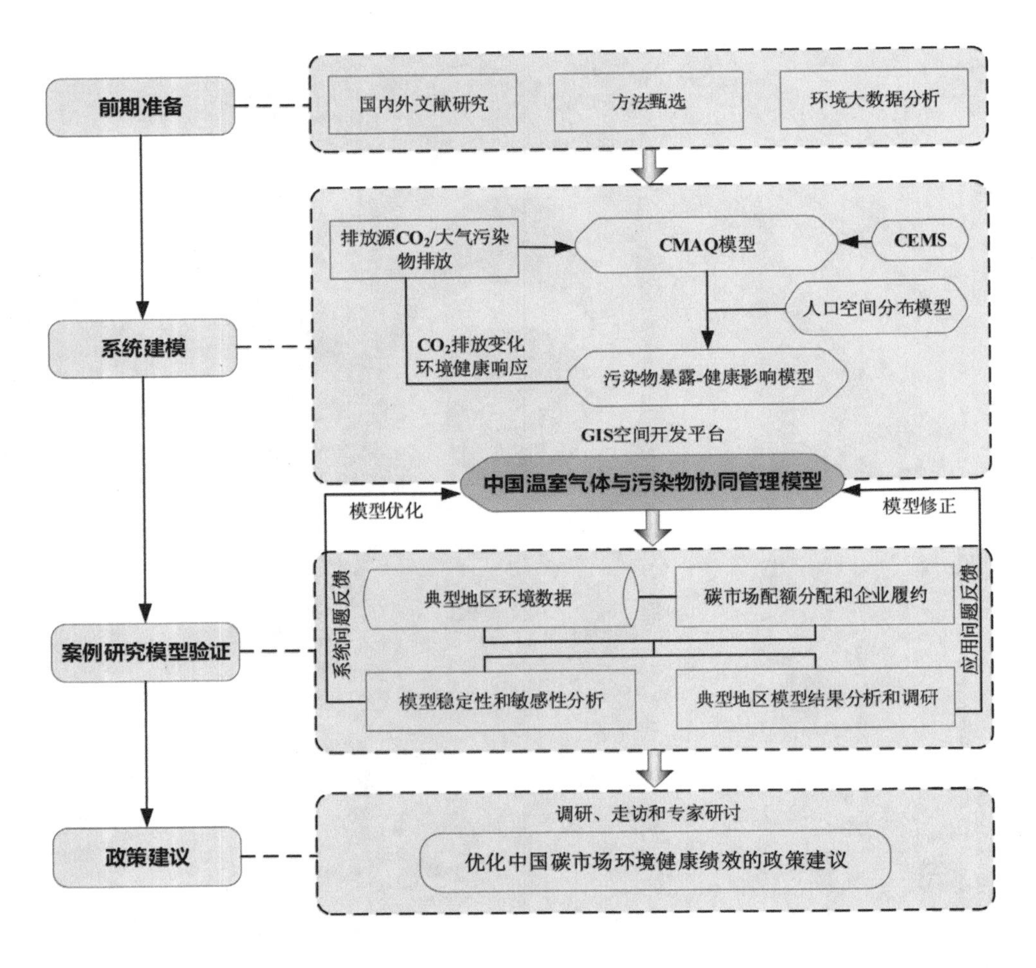

研究技术路线

6.2 基于排放 - 传输 - 暴露 - 健康的温室气体和污染物协同管理模型

本研究建立了污染物排放机理模型、大气污染物空间扩散机理模型、污染环境健康定量统计学模型等，并进一步探索其在 GIS 空间平台上系统集成的方法和途径。其中，CO_2 排放核算模型拟采用企业温室气体核算方法与报告指南方法，污染物排放机理模型拟采用排放因子与在线监测综合计量模型，大气污染物空间扩散机理模型拟采用 CMAQ 模型（生态环境部法规空气质量模型），污染环境健康定量统计学模型拟采用大气污染物流行病学暴露 - 公众健康反应模型。通过在 GIS 空间开发平台上探索从排放源排放到公众健康的多模型空间集成方法，充分甄选和评估了各类模型输入 / 输出参数及内部运行模块和调用模式，建立了可以在排放源层面并行处理并模拟大量企业 CO_2 排放和环境健康效应变化的集成模型。

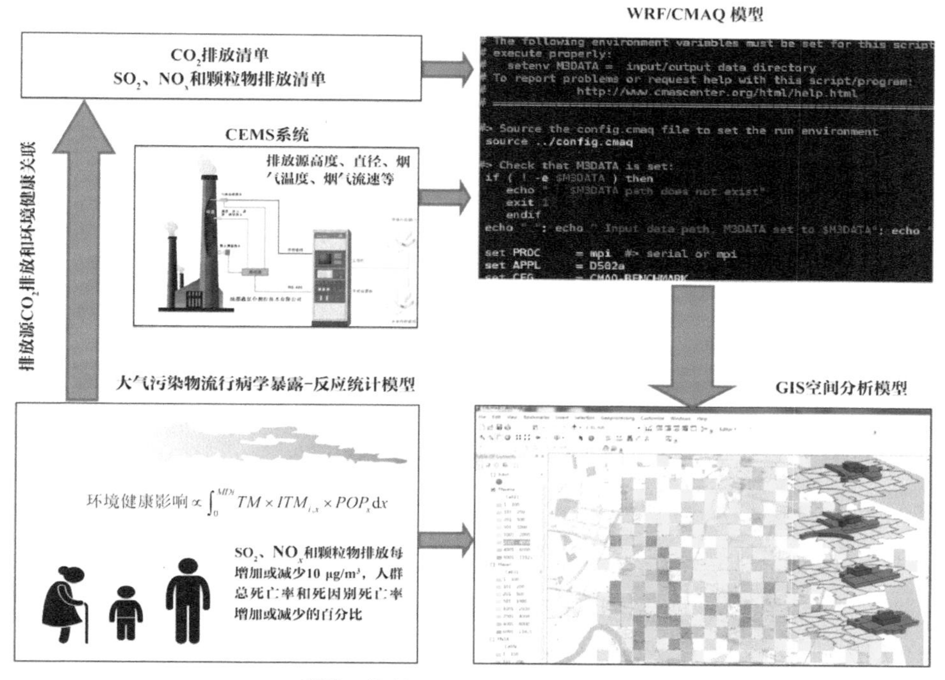

排放 - 传输 - 暴露 - 健康集成模型

基于排放-传输-暴露-健康的温室气体和污染物协同管理模型可以模拟企业发生碳交易时及其CO_2排放空间转移后驱动的区域污染浓度变化，结合人口空间分布模型和大气污染物流行病学暴露-反应关键参数，还可以模拟不同情景下的公众健康损失，从而自下而上地计算和比较交易前后区域整体的公众环境健康变化情况，厘清排放源的CO_2排放变化与污染物环境健康效应变化的响应关系和关联机制。

Boyce和Pastor（2012，2013）运用企业级数据证实了CO_2排放量的变化会导致大气环境空间差异，并基于风险暴露模型运用含有人口权重的方法衡量了污染物带来的影响，其中环境空间差异主要是通过污染物和CO_2比例的差异来进行衡量的。本研究将企业层面的CO_2排放量和大气污染物排放量结合，用机理模型、环境健康定量统计学模型和大数据模型集成研究方法，通过暴露反应函数来衡量碳交易前后引起的人群健康风险的空间差异，即基于排放-传输-暴露-健康的温室气体和污染物协同管理模型（emission-transport-exposure model based greenhouse gas and pollutants co-management，ETECO）。该模型以人群健康为根本出发点，开展温室气体和污染物协同控制，在GIS空间建模平台上集成了温室气体排放模型、污染物传输模型、污染物浓度空间分布模型、人口空间分布模型、大气污染物流行病学暴露-公众健康反应模型等不同领域的多个模型，解决了不同尺度模型的集成和数据同化问题。

下文以模拟实验来直观说明企业碳排放的变化是如何驱动区域环境健康的变化的。假设一个碳市场中仅有企业A和企业B，企业A所在区域的人口密度高，企业B所在区域的人口密度为0。企业A购入了大量碳排放权，因而可以增加碳排放，同时随着污染物的增加，势必造成企业A所在局部地区污染物浓度的上升，由于企业A所在区域的人口密度较高，暴露于污染物浓度增加地区中的人口较多；企业B由于卖出了碳排放权，减少了碳排放，同时减少了污染物排放，其所在局部地区的污染物浓度有所下降，但由于没有暴露人口，企业B造成的健康正效应为0。所以，如果从区域整体情况来看，整个区域在碳交易后环境健康效应下降了。这虽然是一个极端简化的思维实验，却可以证明在某种情景下碳市场有可能带来负面的区域环境健康效应。

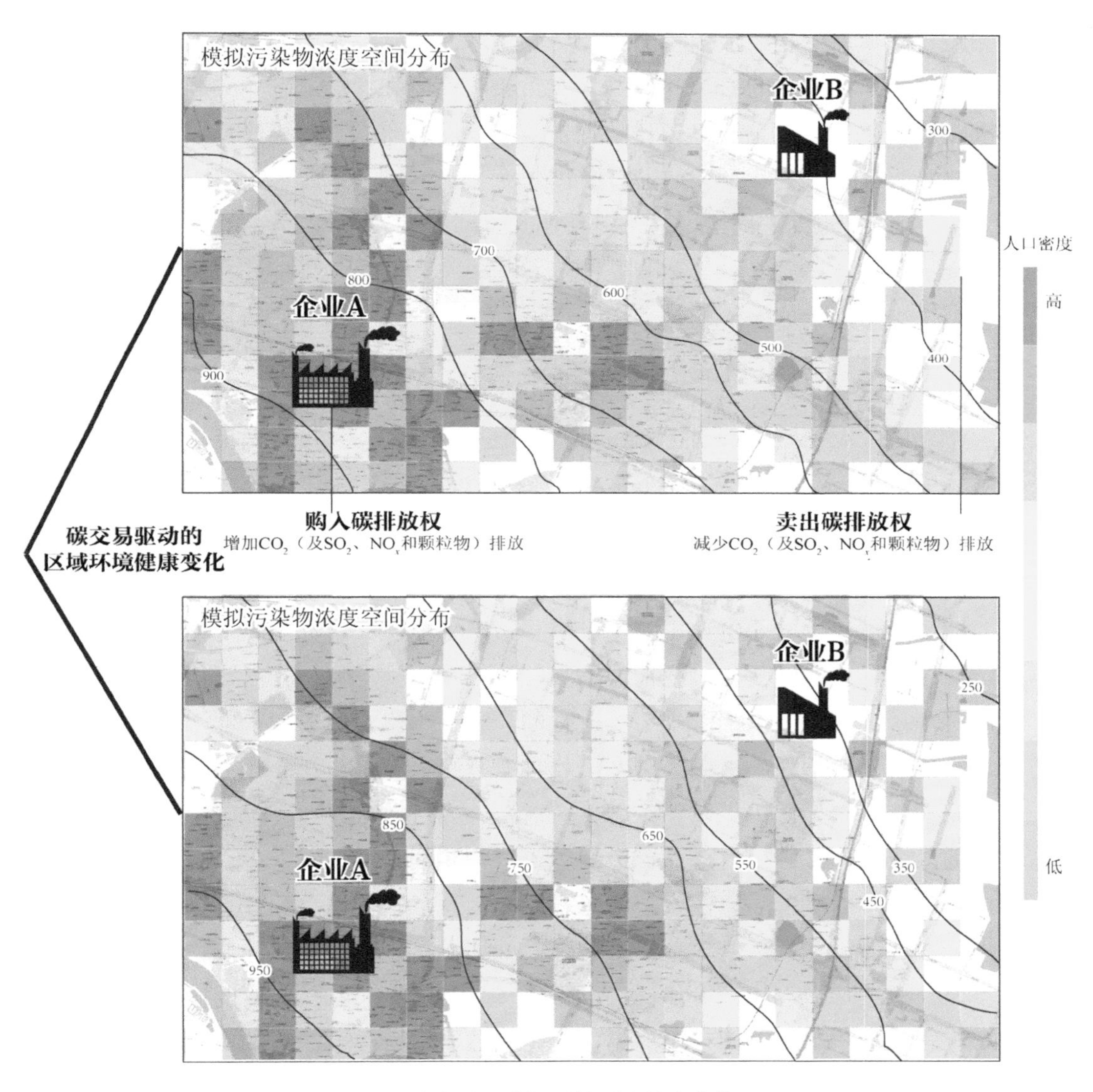

企业碳交易导致的区域环境健康变化

注：图中的等值线是大气污染物浓度值（无单位）。

6.3 排放清单一体化模块

本节从排放清单角度研究排放源的 CO_2 排放与大气污染物（SO_2、NO_x 和颗粒物）产生和排放的协同性和关联特征，挖掘不同类型（行业、规模和区域等）排放源的 CO_2 排放与大气污染物产生和排放的物理关联，分析因企业碳交易导致企业 CO_2 排放增加或减少，进而驱动污染物排放空间变化的关联机制。

对于化石燃料固定源大气污染物排放量的核算，通常通过燃料消耗量、污染物产生系数和污染物去除效率进行。通过实际调研企业活动水平数据，根据排放指南选取相应的排放因子。需获取的企业活动水平信息包括排污设施经纬度、燃料类型、锅炉类型、燃料消耗量、污染控制设施类型、生产负荷时间变化曲线等。其中，对于燃煤锅炉，需获取燃煤灰分和硫分；对于每个排污设施，应根据其燃料类型、锅炉类型和污染控制设备类型确定其所属分类；对于安装了烟气排放连续监测系统（Continuous Emission Monitoring Systems，CEMS）的排污设施，还需获取每个烟道监测断面的污染物小时平均排放浓度、小时平均烟气排放量和总生产小时数。

工业过程排放是指在工业生产过程中，除能源活动排放之外的其他化学反应过程或物理变化过程造成的大气污染物与温室气体排放。值得注意的是，在计算工艺过程源排放的过程中，若存在化石燃料的消耗，首先要计算化石燃料消耗造成的大气污染物排放，计算方法与化石燃料固定源一致。在工艺过程源中，对于产品生产过程中大气污染物排放量的计算，通常通过产品产量、单位产品产量的污染物产生因子与去除效率进行；对于温室气体排放量的核算，若存在化石能源消耗，同样需要先计算化石燃料燃烧造成的温室气体排放量。工艺过程中的温室气体排放量需要分行业计算，同样可基于产品产量和排放因子进行，在计算前首先需要明确是在生产过程的哪一项工艺中产生的温室气体排放，以及温室气体的类型。工艺过程中的大气污染物排放量通常通过产品产量结合相应的污染物排放因子进行核算，同时需要考虑工艺过程中的污染物去除设备及其去除效率。

企业和空间网格清单一体化分类

排放类别	部门	温室气体			大气污染物					统一后	空间分配权重因子
		CO_2	CH_4	N_2O	$PM_{2.5}/PM_{10}$	NO_x	SO_2	CO	VOCs		
移动源	1 交通源										
	1.1 道路机动车	√	√	√	√	√	√	√	√	1 交通源	1.1 道路密度 / 等级 / 类型 / 长度 1.2 机场经纬度 1.3 铁路密度 / 人口 1.4 河流、领海面积 / 人口 1.5 人口栅格
	1.2 航空	√	√	√	√	√	√	√	√		
	1.3 铁路	√	√	√	√	√	√	√	√		
	1.4 水运	√	√	√	√	√	√	√	√		
	1.5 非道路机械	√	√	√	√	√	√	√	√		
企业点源	2 工业能源										
	2.1 电力生产	√	√	√	√	√	√	√	√	2 工业能源	经纬度 / 人口栅格
	2.2 热力供应	√	√	√	√	√	√	√	√		
	2.3 黑色金属冶炼	√	√	√	√	√	√	√	√		
	2.4 有色金属冶炼	√	√	√	√	√	√	√	√		
	2.5 石油开采	√	√	√	√	√	√	√	√		
	2.6 石油化工	√	√	√	√	√	√	√	√		
	2.7 采矿业	√	√	√	√	√	√	√	√		
	2.8 其他含生物质锅炉	√	√	√	√	√	√	√	√		
	3 工艺过程										
	3.1 黑色金属冶炼	√	×	×	√	√	√	√	√	3 工艺流程	经纬度
	3.2 有色金属冶炼	×	×	×	√	×	×	×	×		
	3.3 水泥生产	√	×	×	√	√	√	√	√		
	3.4 石灰生产	√	×	×	√	×	×	×	√		
	3.5 平板玻璃生产	×	×	×	√	√	√	×	√		
	3.6 陶瓷生产	×	×	×	√	√	√	√	√		
	3.7 焦炭生产	×	×	×	√	√	√	√	√		
	3.8 天然气生产	×	√	×	×	×	×	×	√		

排放类别	部门	温室气体			大气污染物					统一后	空间分配权重因子
		CO_2	CH_4	N_2O	$PM_{2.5}/PM_{10}$	NO_x	SO_2	CO	VOCs		
企业点源	3.9 乙烯、苯、甲苯等生产	×	×	×	×	×	×	×	√	3 工艺流程	经纬度
	3.10 硫酸生产	×	×	×	×	×	√	×	×		
	3.11 硝酸生产	×	×	√	×	×	×	×	×		
	3.12 己二酸生产	×	×	√	×	×	×	×	×		
	3.12 电石生产	√	×	×	×	×	×	×	×		
	3.13 油墨、燃料生产	×	×	×	×	×	×	×	√		
	3.14 合成氨	×	×	×	×	×	×	√	√		
	3.15 乙烯、聚乙烯、聚氯乙烯	×	×	×	×	×	×	×	√		
	3.16 化学纤维制造	×	×	×	×	×	×	×	√		
	3.17 造纸	×	×	×	×	×	√	×	√		
	3.18 食品制造	×	×	×	×	×	×	×	√		
	3.19 纺织	×	×	×	×	×	×	×	√		
面源	4 农业源										
	4.1 氮肥施用	×	×	√	×	√	×	√	×	4 农业源	4.1 农田面积 4.2 养殖场经纬度
	4.2 畜禽养殖	×	√	√	×	√	×	×	×		
	4.3 稻田	×	√	×	×	×	×	×	×		
	5 民用源										
	4.1 户用供暖锅炉、炉灶	√	√	√	√	√	√	√	√	5 民用源	人口栅格
	4.2 户用生物质炉具	√	√	√	√	√	√	√	√		
	4.3 民用锅炉	√	√	√	√	√	√	√	√		
	6 废弃物处理										
	6.1 污水处理	×	√	√	×	×	×	×	×	6 废弃物	经纬度
	6.2 固体废弃物填埋、堆肥、焚烧	√	√	√	×	×	×	×	√		
	6.3 烟气脱硝	×	×	×	×	×	×	×	×		

排放类别	部门	温室气体			大气污染物					统一后	空间分配权重因子
		CO_2	CH_4	N_2O	$PM_{2.5}/PM_{10}$	NO_x	SO_2	CO	VOCs		
面源	7 生物质燃烧源										
	7.1 生物质开放燃烧	√	√	√	√	√	√	√	√	7 生物质燃烧	卫星观测火点数据
	8 扬尘源										
	8.1 土壤扬尘	×			√	×	×	×	×	8 扬尘源	8.1 不同用地类型对应面积 8.2 道路密度/等级/类型/长度
	8.2 道路扬尘	×			√	×	×	×	×		
	8.3 施工扬尘	×			√	×	×	×	×		
	8.4 堆场扬尘	×			√	×	×	×	×		
	9 溶剂使用										
	9.1 印刷印染	×			√	×	×	×	√	9 溶剂使用源	9.1 经纬度 9.2 经纬度 9.3 农田面积 9.4 铺设道路长度 9.5 经纬度 9.6 经纬度 9.7 经纬度
	9.2 表面涂层	×			√	×	×	×	√		
	9.3 农药使用	×			√	×	×	×	√		
	9.4 沥青铺路	×			√	×	×	×	√		
	9.5 木材生产	×			√	×	×	×	√		
	9.6 药品生产	×			√	×	×	×	√		
	9.7 其他溶剂使用	×			√	×	×	×	√		
	10 储存运输										
	10.1 油气储运	×			×	×	×	×	√	10 储存运输源	经纬度/路网
	11 其他排放源										
	11.1 餐饮油烟	×			√	×	×	×	√	11 其他排放源	人口栅格
	12 土地利用										
	12.1 土地利用变化	√	√	√	×	×	×	×	√	12 土地利用变化源	用地类型

6.4 传输－浓度空间化模块

本研究利用空气质量模型（CMAQ）模拟分析，使用天河超级计算机，以 CMAQ 5.0.2 版本为核心，耦合 WRF 3.6 中尺度气象模型和 ISAT 源清单处理工具，最终搭建空气质量模拟平台 WRF/ISAT/CMAQ。模拟系统计算平台包含 20 个节点，每个节点具有 12 核。平台使用 RHEL 5.3 发行版的 LINUX 操作系统，采用的编译器为 Intel Fortran 编译器，并行通过 OPENMPI 实现。

6.4.1 WRF 气象模型

应用较为广泛的中尺度气象模型有 MM5 和 WRF。WRF 对湿度、边界层高度、气压垂直分布等关键气象要素的模拟准确度要高于 MM5，因此本研究采用 WRF 模型作为气象模型。该模型是由美国国家大气研究中心（NCAR）、美国国家海洋大气管理局（NOAA）和美国国家环境预测中心（NCEP）等多家单位研发和不断迭代更新的数值气象模拟预报系统。WRF 主要有 ARW（advanced research WRF）和 NMM（nonhydrostatic mesoscale model）两个版本，前者常用于科学研究，后者常用于业务预报，两者的主要区别在于动力求解方法。WRF 模型已广泛应用于数值天气预报和大气数值模拟研究等领域。本研究使用最常用的 ARW 版本。

WRF 模型主要由 WPS 和 WRF 两个模块构成，WPS 为 WRF 的预处理模块，WRF 为主计算模块。

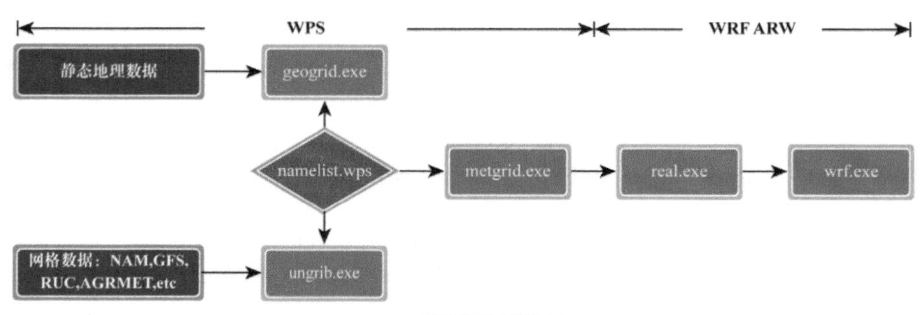

WRF 模型运行流程

WPS 模块由 3 个程序组成，这 3 个程序的作用是对数据进行预处理，为 WRF 主计算模块提供输入数据。WPS 包括 geogrid、ungrib 和 metgrid 3 个部分，其中 geogrid 的主要作用是确定研究区域，把静态地形数据插值到格点，为模型提供静态的地面数据；ungrib 的主要作用是解压 GRIB 格式的气象原始数据，将其转化并提取气象要素场；metgrid 则是将 ungrib 的气象要素场在水平方向上插值到模拟区域中，其最终输出数据将作为 WRF 模块的输入数据。

WRF 模块就是数值求解的模块，也是气象模型中最重要的计算模块，包括 real 和 wrf。real 的主要作用是将 metgrid 输出的数据在垂直方向上插值到 WRF eta 层中，产生边界文件。WRF 为模型的动力计算部分，它采用的是完全可压缩、非静力的模型，水平方向采用 Arakawa C 网格，垂直方向采用地形跟随质量坐标，时间方面采用 3 阶 Runge-Kutta 积分。

6.4.2 ISAT 源清单处理工具

ISAT（inventory spatial allocate tool）排放清单空间分配工具主要由 3 个部分构成：物种分配和时间分配等参数文件、exe 可执行文件和 ini 配置文件。本研究使用该软件将网格化后的排放清单生成 CMAQ 模式直接可用的排放清单文件，再基于 ISAT 对区域污染物排放清单进行网格化划分，同时建立区域污染物模拟网格。污染物的空间分配是通过一些地理空间坐标将以行政区为单位的排放清单分配至网格中的过程，准确地对排放清单进行空间分配是排放清单编制的必要环节。大气污染物排放清单的空间分配工作主要集中在较难统计、分布较广且排放高度较低的城市及农村居民生活源、道路交通源、典型行业的无组织排放等非点源排放。现有的排放清单空间分配方法多根据人口统计、GDP 统计、路网等数据进行分配，随着电子地图等众源地理数据的不断发展，具有时效性、多元性、准确性的 POI 数据等众源地理数据在排放清单空间分配方面具有一定的应用价值。ISAT 模型是基于城市设施点、人口、道路、土地利用类型等地理信息数据将面源排放清单进行空间分配的工具。ISAT 工具在空间分配处理过程中可以输入点数据、线数据及栅格数据，以满足不同类型排放清单空间的分配需求。在本研究中，道路移动源基于路网分配系数进行空间分配，民用燃烧、餐饮排放等居民面源基于人口分配系数进行空间分配，农业面源基于人口分配系数进行空间分配，扬尘源、非道路移动源等其他面源均基于 GDP 进行空间分配，电厂、工业企业等排放点源基于实际坐标嵌套入区域排放网格进行空间分配。本研究同时基于 ISAT 工具建立区域空气质量模拟的三层嵌套网格。ISAT 工具提供的生成网格功能仅需通过输入区域文件的 shp 矢量文件即可自动计算出中央经线、原点纬度、起始 x、起始 y、网格数量等信息。以区域行政边界为基础，模拟区域采用 Lambert 投影坐标系，为了平衡模拟精度与计算资源需求，模拟范围采用三层嵌套。其中，第一层网格的空间分辨率为 27 km×27 km，综合考虑外界大区域对区域污染物的传输效果，第二层网格的空间分辨率为 9 km×9 km，第三层网格的分辨率最高，达到 3 km×3 km，垂直方向共设置 14 个气压层，层间距自下而上逐渐增大。采用的化学机制为 CB-05 气相化学反应机理和 AERO5 气溶胶反应机制。

6.4.3 CMAQ 模型

20 世纪 90 年代末，美国国家环保局（USEPA）研发了基于大气理念的第三代空气质量模式系统（Models-3/CMAQ）。CMAQ 模型考虑了气象因素对大气中各种污染物的影响，提高了模型的可靠性，还能够实现多尺度、多层网格嵌套模拟，增加了其在空间上的灵活性和通用性。CMAQ 模型已经在国际上被广泛应用于大气污染物模拟、大气物种沉降、污染源区域传输、污染物的源和汇等方面。

CMAQ 模型主要集成了 5 个模块：①气象 - 化学接口（meteorology-chemistry interface processor，MCIP），用于将 WRF 生成的气象场转化为 CMAQ 模式可识别的格式；②初始条件模块（initial condition，ICON），可为模拟区域的所有格点提供初始浓度场；③边界条件模块（boundary condition，BCON），可生成模拟区域所需的边界条件；④光解速率模块（photolysis rate processor，JPROC），用于生成包含不同高度、纬度和时角的晴空光解率；⑤化学传输模块（chemical transport model，CCTM），其输入文件由 ICON、BCON 和 JPROC 提供，是 CMAQ 模型的核心，其实质是一个大气化学和传输数学模型，用于空气质量模拟，最终输出6种文件，即每小时瞬时浓度文件（CONC）、重启文件（CGRID）、每日平均浓度文件（ACONC）、干沉降文件（DRYDEP）、湿沉降文件（WETDEP）和每小时瞬时能见度文件（AEROVIS）。

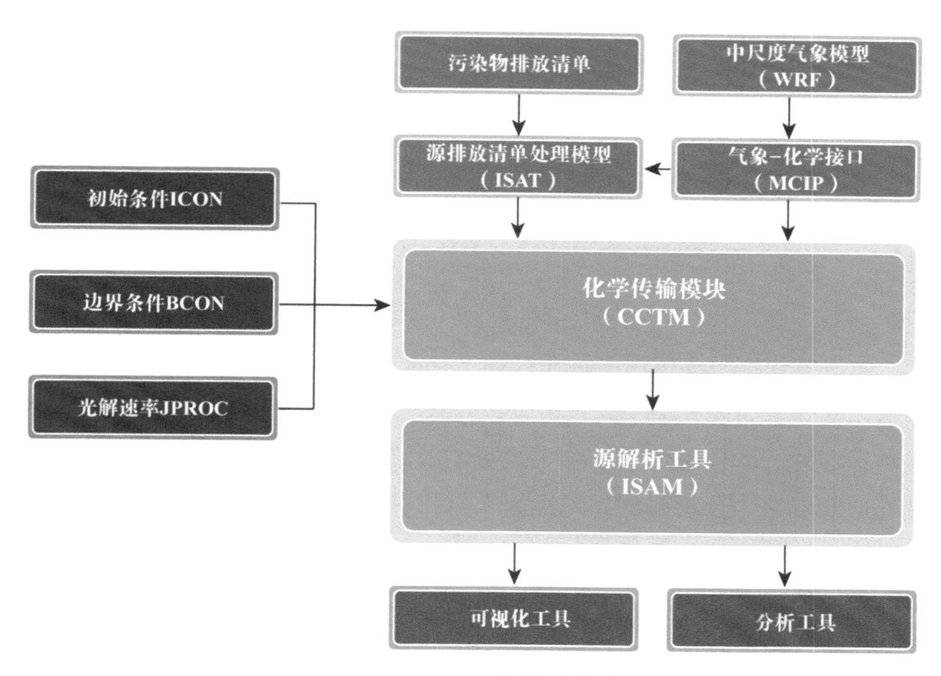

WRF/ISAT/CMAQ 模拟平台结构

空气质量模拟平台（WRF/ISAT/CMAQ）的具体运行过程是，首先通过中尺度气象模型（WRF）为 CMAQ 模型提供气象背景场，然后通过气象化学界面处理程序（meteorology-chmistry interface processor，MCIP）将气象模型的结果文件转换格式后提供给排放源处理程序，通过 ISAT 模型并结合物种分配、时间分配谱和 MCIP 网格，将源清单处理成为 CMAQ 模型适用的逐时网格排放数据，最后与 JPROC、ICON、BCON 数据一起应用于 CMAQ 模型中。

此外，本研究还在 GIS 空间分析平台上开发了基于 CMAQ 模型的由污染物空间浓度分布输出的环境健康影响计算模块，公式如下：

$$环境健康影响 \propto \int_0^{MDi} TM \times ITM_{i,x} \times POP_x dx \quad (1)$$

$$ITM_{i,x} = \alpha_i \times CP_{i,x}$$

式中，TM——区域总死亡率，%；

$ITM_{i,x}$——污染物 i 浓度变化导致的死亡率的变化率，%；

x——空间位置；

i——3 种污染物（SO_2、NO_x 和颗粒物）；

α_i——污染物 i 环境健康效应；

POP_x——空间位置 x 的人口数。

6.5 大气污染物流行病学暴露 - 反应模块

本研究识别了大气污染物流行病学暴露 - 反应统计学关键参数。综述、归纳和梳理了国内外关于大气污染物（SO_2、NO_x 和颗粒物）长期和短期暴露对人群死亡、住院和门急诊人次影响的流行病学研究结果，充分借鉴国内外研究成果，分析时间、地点、人群特征、大气污染物浓度水平、大气污染物成分构成、大气污染物浓度与人群健康效应间的暴露 - 反应关系曲线形态及关联程度等信息，采用 Meta 分析方法，确定中国不同区域人群总死亡率和死因别死亡率，构建大气污染物对人群总死亡率的浓度 - 反应关系，分析浓度 - 反应关系系数的可靠性和不确定性。

大气中 SO_2、NO_2 浓度的升高与居民每日总死亡率、心脑血管疾病、呼吸系统疾病的死亡率及就诊率、住院率增加存在显著关联。马洪群和崔莲花（2016）对 2000—2015 年公开发表的 36 篇文献进行了 Meta 分析，发现大气中的 SO_2 浓度每升高 10 μg/m^3，居民每日总死亡率、呼吸系统疾病死亡率、心脑血管疾病死亡率、呼吸系统疾病门诊和住院率、心脑血管疾病门诊和住院率分别增加 0.9%（95%CI：0.6% ～ 1.1%）、1.2%（95%CI：0.9% ～ 1.6%）、0.7%（95%CI：0.5% ～ 0.8%）、0.8%（95%CI：0.6% ～ 1.0%）、0.9%（95%CI：0.5% ～ 1.4%）；大气中的 NO_2 浓度每升高 10 μg/m^3，居民每日总死亡率、呼吸系统疾病死亡率、心脑血管疾病死亡率、呼吸系统疾病门诊和住院率、心脑血管疾病门诊和住院率分别增加 1.4%（95%CI：1.1% ～ 1.6%）、1.6%（95%CI：1.2% ～ 1.9%）、1.4%（95%CI：1.1% ～ 1.5%）、0.9%（95%CI：0.4% ～ 1.3%）、1.3%（95%CI：0.9% ～ 1.6%）。

SO_2 长期暴露与死亡风险之间关系的研究结果存在较大的差异，尚无证据表明 SO_2 长期暴露与不同疾病死亡率之间存在显著关联。Kobayashi 等（2020）对已经发表的 14 篇相关文献研究后发现，有些研究表明 SO_2 长期暴露与死亡率之间存在相关性，而其他研究则发现 SO_2 长期暴露与死亡率之间无关联或关联不具有统计学显著性。SO_2 长期暴露浓度每升高 10 μg/m^3，总死亡相对危险度为 0.95 ～ 1.14，肺癌相对危险度为 0.99 ～ 3.05，呼吸系统疾病死亡相对危险度为 0.87 ～ 1.30，循环系统疾病死亡相对危险度为 0.96 ～ 1.14。

除慢性阻塞性肺病（COPD）外，NO_2 长期暴露与死亡风险之间关系的研究结果也存在较大的差异。对已经发表的 46 项研究进行 Meta 分析的结果表明，NO_2 长期暴露浓度每升高 10 μg/m^3，总死亡、呼吸系统疾病死亡、慢性阻塞性肺病死亡和急性下呼吸道感染死亡的相对危险度分别为 1.02（95%CI: 1.01，1.04）、1.03（95%CI: 1.00，1.05）、1.03（95%CI: 1.01,1.04）和 1.06（95%CI：1.02，1.10）。除了 COPD，NO_2 长期暴露与总死亡、呼吸系统疾病死亡、急性下呼吸道感染死亡之间的关联存在较大的异质性。

大量的流行病学研究证实了 $PM_{2.5}$ 长期暴露与人群缺血性心脏病、脑卒中、慢性阻塞性肺病、肺癌、急性下呼吸道感染死亡存在显著关联。Burnett 等（2014）建立了 $PM_{2.5}$ 长期暴露与缺血性心脏病、脑卒中、慢性阻塞性肺病、肺癌、急性下呼吸道感染死亡之间的暴露 - 反应模型，并将其应用于全球疾病负担研究中，以评价全球 $PM_{2.5}$ 污染对公众健康的疾病负担。$PM_{2.5}$ 短期暴露与人群呼吸系统和心血管系统疾病发病率及死亡率之间存在显著关联。对国内外学者在中国开展的 $PM_{2.5}$ 短期暴露对死亡、就诊、住院等健康影响的研究进行 Meta 分析，结果表明 $PM_{2.5}$ 浓度每升高 10 μg/m^3，人群总死亡、呼吸系统疾病死亡、心血管疾病死亡、心血管疾病住院、呼吸系统疾病住院、呼吸系统疾病急诊就诊、心血管疾病急诊就诊和呼吸系统疾病门诊就诊分别增加 0.53%（0.4% ～ 0.65%）、0.61%（0.51% ～ 0.72%）、

0.73%（0.54% ～ 0.93%）、0.70%（0.48% ～ 0.92%）、1.75%（0.93% ～ 2.57%）、2.2%（1.8% ～ 2.66%）、0.37%（0.19% ～ 0.55%）和 0.35%（0.12% ～ 0.64%）。

不同人群对大气污染的健康响应程度有所不同。按年龄段区分，老人与儿童是最敏感的群体（Chen et al.，2012；He et al.，2016；Zhang et al.，2016）。由于身体部分机能障碍和颗粒清除效率较低等原因，老年人更容易受到炎症和呼吸系统并发症的影响（Kurt et al.，2016），他们也是构成心血管疾病早逝健康损失的主要人群（赵晓丽等，2014）。而儿童的呼吸道较小，解毒和代谢系统不成熟，加之经常暴露在室外空气中，往往比成人对呼吸道毒物更为敏感（Martino & Prescott，2011）。就性别而言，女性通常比男性的反应更敏感（Zhang et al.，2011b）。据估计，$PM_{2.5}$ 的平均浓度每两年提高 10 μg/m^3，女性肺癌发病的风险就会提高 1.149，男性则提高 1.055（Guo et al.，2016）。与此同时，本身身体状况不好，如已经罹患慢性心肺疾病、流感或哮喘的人群对短期高浓度大气污染的反应最为强烈，更容易加重病情，甚至产生生命危险（Pope，2000）。

不同地区的大气污染对人类健康的影响也具有差异性。一般而言，污染浓度高和人口密度大的地区对人类健康的威胁较大（Wang et al.，2018）。研究表明，排除吸烟习惯等干扰因素，大气污染最严重的城市的死亡率可达到污染最轻的城市的 1.26 倍。Liu 等（2017）同样证明了中国国内大气污染造成的健康损失也主要集中于北京—天津城市圈、长江三角洲、珠江三角洲、四川盆地、山东半岛、武汉城市圈等经济发达、人口稠密的地区。从全球来看，发展中国家，尤其是亚洲受大气污染的健康影响普遍比西方发达国家严重（Wong et al.，2008），59% 的 $PM_{2.5}$ 相关死亡发生在东亚与南亚（Chen et al.，2017b）。城市中大气污染的致死率高于农村地区，$PM_{2.5}$ 的平均浓度每两年提高 10 μg/m^3，城市和农村地区肺癌的发病风险分别为 1.060 和 1.037（Guo et al.，2016）。值得关注的是，污染物的跨国传输使污染发生与健康损失之间可能产生空间错位，2007 年全球 12% 的 $PM_{2.5}$ 相关死亡是由非本地的大气污染物排放所致，而 22% 的 $PM_{2.5}$ 相关死亡源于地区间产品与服务贸易。大气污染程度与地方政策也有一定的关系，非环境领域的政策可能导致额外的环境与健康负担，如中国以秦岭、淮河为界的供暖政策使中国北方的大气污染浓度比南方高了 46%，据研究推算，供暖导致的大气污染使北方人的预期寿命比南方人少了 3.1 年（Ebenstein et al.，2017）。

6.6 人群健康风险评估模块

本研究通过构建大气污染物对人群健康的影响函数，得到碳交易前后每一个网格大气污染物浓度对应的人群健康影响值，建立碳交易对人群健康的函数关系。

Burnett 等（2014）通过整合现有的来自环境空气污染、二手烟草烟雾、家用固体烹饪用燃料和吸烟等的研究信息，拟合构建了 $PM_{2.5}$ 暴露 - 反应（integrated exposure-response，IER）方程。该方程覆盖了从低浓度暴露到高浓度暴露的情况，且作者在讨论部分指出该方程可以较好地模拟中国的情况，广泛运用于大气污染物对健康影响的研究中（Li et al.，2010；Thompson et al.，2014）。$PM_{2.5}$ 暴露主要会增加以下 4 种疾病的致死风险：缺血性心脏病、慢性阻塞性肺病、中风和肺癌，这 4 种疾病的暴露 - 反应方程是统一的，但是系数有所不同，见下表。

不同疾病的暴露 - 反应关系参数

参数	α	γ	δ	*C0*
缺血性心脏病	0.83	0.071 7	0.551 6	6.96
中风	1.01	0.017 4	1.124 4	8.38
慢性阻塞性肺病	29.00	0.000 593 8	0.678 6	7.17
肺癌	33.49	0.000 050 13	1.012 8	7.24

$PM_{2.5}$ 暴露导致的疾病致死相对风险（relative risk，RR）的计算公式如下：

$$RR(C)_d = 1+\partial_d\left(1 - e^{-\gamma_d (C - C_{0_d})^{\delta_d}}\right)\ (C > C_{0_d}) \quad (2)$$

式中，C——$PM_{2.5}$ 年均浓度，μg/m³；

C_0——$PM_{2.5}$ 暴露的安全浓度，μg/m³，本研究认为低于这个浓度的 $PM_{2.5}$ 暴露对以上 4 种疾病的致死概率不造成影响；

α、γ 和 δ——用于描述暴露反应关系曲线的系数；

d——疾病类别。

在本研究中，对于不同年龄结构的人群并未考虑其暴露 - 反应关系参数的不同。

归因分值（attribute fraction，AF）由式（3）定义。AF 是定量描述暴露危险因素对人群致病作用大小的统计指标，表示总人群中某疾病归于某种因素引起的发病（或死亡）占总人群发病（或死亡）的比例，也可以理解为消除某危险因素后可使人群中该病的发病（或死亡）降低的比重。公式如下：

$$\mathrm{AF}_d = (\mathrm{RR}_d - 1)/\mathrm{RR}_d \tag{3}$$

$PM_{2.5}$ 暴露导致的早逝人数可用式（4）表示：

$$E_d = \mathrm{AF}_d \times P \times B_d \tag{4}$$

式中，P——人口数，人，2010—2050 年的人口总量变化来自情景设置，网格化人口权重来源于 LandScan 全球人口数据库；

B——某种疾病的基准死亡率，见下表。

不同疾病的全国基准死亡率平均值

疾病	全国基准死亡率平均值 / ‰
缺血性心脏病	17.61
中风	18.81
慢性阻塞性肺病	9.13
肺癌	6.08

在编写代码的过程中，反复利用测试数据检查调用函数和模块的正确性和数据的无失真传递能力，解决集成模型在大量排放源层面自下而上运行形成宏观环境健康评估结果的运算效率问题，完成中国碳市场环境健康影响评价模型。此外，还要检测模型对输入参数的敏感性，检测模型多源（多个企业）并行运算处理能力和运行稳定性，计算模型的不确定性传递及其他可能的技术难点和问题，反复检查集成模型的稳定性、运行效率、不确定性传递等。

7 案例：湖北省碳市场环境健康影响实证研究

基于中国温室气体和污染物协同管理模型及湖北省碳市场数据和情景分析，本章对湖北省碳市场的环境健康影响进行了实证研究。研究中共建立了 2 种情景：基准情景与政策情景。其中，政策情景指的是 2015 年湖北省实施碳交易时企业的决策过程；基准情景指的是如果 2015 年湖北省没有实施碳交易，这些企业的决策行为。根据湖北省碳交易配额分配规则和履约规则，确定每个企业碳排放权买入、卖出的情景，进而计算湖北省碳交易企业的 CO_2 排放量。由于纳入碳市场的企业都是以集团公司的形式存在的，许多企业在湖北省内有多个分厂或者多个法人，不同区域的空间排放存在差异性，因此在研究过程中以每家分厂为独立排放企业。另外，少量企业所获取的数据不足以支撑研究，因此最终选取了 163 家企业作为研究对象，占 2015 年湖北省纳入碳排放权配额管理企业的 98%。

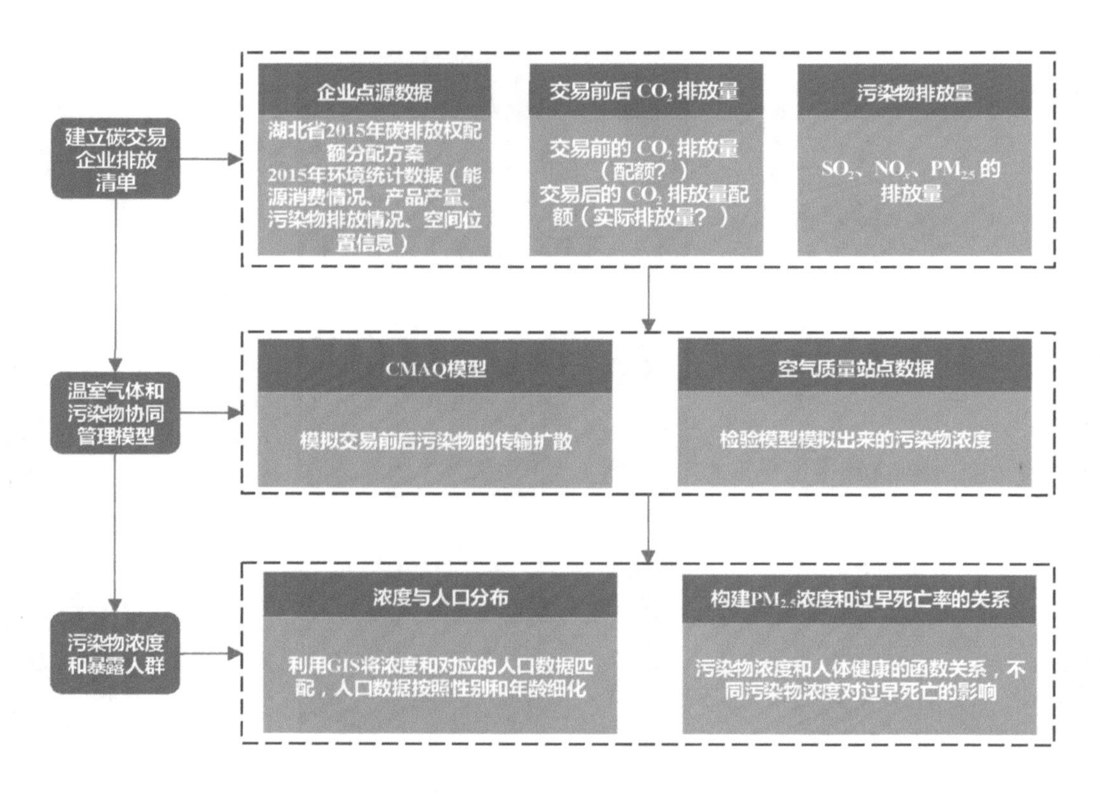

湖北省碳市场环境影响研究技术路线

具体的研究思路是，以上述企业为研究对象，以 CO_2 和大气污染物一体化清单为基础，结合湖北省 CO_2 排放初始配额，利用碳排放与常规大气污染物排放之间的关联关系测算最终的污染物排放量，进而将污染物排放数据纳入大气污染传输 CMAQ 模型，模拟各个企业碳交易前后大气污染物的空间传输，并获得湖北省范围内的污染物浓度分布，通过利用空气质量实测数据进行检验。以此为基础，利用 GIS 将人口、污染物浓度数据与地理区域进行匹配，并建立污染物暴露浓度与人体健康函数，最终得到碳交易前后各种常规大气污染物对人体健康的综合影响。

7.1 基础数据

基础数据有三类来源：①污染物排放清单，基于 2015 年湖北省环境统计数据、2015 年湖北省火电在线监测数据、污染源普查等数据，结合 2014 年中国多尺度排放清单模型（multi-resolution emission inventory for China，MEIC）和统计年鉴等数据资料，建立湖北省 $PM_{2.5}$、PM_{10}（可吸入颗粒物）、SO_2、NO_x 这 4 种大气污染物的排放清单，为大气污染物传输模拟提供数据支撑；② CO_2 排放清单，基于本研究团队的中国高空间分辨率排放网格数据（CHRED）建立 CO_2 排放清单，配额分配按照湖北省发展改革委印发的《湖北省 2015 年碳排放权配额分配方案》进行；③人口空间分布数据，采用 LandScan 数据并在其基础上进一步校正和优化。LandScan 全球人口动态统计分析数据库由美国能源部橡树岭国家实验室（ORNL）开发。

7.2 湖北省空气质量特征分析

湖北省地处中国中部的长江中游地区，常住人口近 6 000 万人，是中国人口第九大省。汽车、冶金、机械、电力、化工、电子信息、轻纺、建材八大产业构成了湖北省工业的支柱。

湖北省虽不属于中国“打赢蓝天保卫战”的重点区域范围，但其大气环境问题仍不容乐观。根据湖北省环境监测中心站的监测数据，2017 年湖北省除神农架外其余 16 个重点城市空气质量均未达到年均二级标准，其中武汉市和襄阳市的优良天数达标率最低，重度污染或以上达到 27 天。在 2018 年 11 月 19 日修订通过、自 2019 年 6 月 1 日开始实施的《湖北省大气污染防治条例》中，湖北省特别加入了大气污染物和温室气体协同控制的条款，体现出对发挥二者协同效应的重视。

湖北省大气环境质量经过近几年的治理有了较大改善，$PM_{2.5}$、SO_2、NO_2、PM_{10} 这 4 种大气污染物浓度均值在 2007—2017 年波动发展，大致呈下降趋势。其中，PM_{10} 是影响大气质量最主要的一种空气污染物，2012—2014 年快速上升，随之急剧下降，因此在 2014 年出现一个极大值，为 103 $\mu g/m^3$，到 2017 年降至最低点（77 $\mu g/m^3$），均在国家环境空气质量标准的二级标准限值之上；SO_2 浓度均值随着时间的变化呈波动减少的趋势，最高值出现在 2013 年（35 $\mu g/m^3$），近 10 年浓度均值均符合国家环境空气质量标准的二级标准限值；NO_2 浓度均值变化大致呈波动上升的特征，在 2013 年达到了 34 $\mu g/m^3$ 这一近 10 年来的最高点。由于近几年对空气质量的重视，$PM_{2.5}$ 年均浓度不断下降。

不同的大气污染物往往有着不同的空间分布特征，且随着时间的变化产生一定的空间转移。研究中选取了 2007 年、2012 年及 2017 年 3 个截面来看 PM_{10}、SO_2 及 NO_x 的变化。SO_2 浓度均值大致呈下降趋势。NO_x 的排放主要受到汽车尾气及工业的影响。随着经济的发展，近年来湖北省的私家车拥有量大幅增加，工业发展不断加快，NO_x 排放量也不断增高，尤其是经济发展水平较好的武汉市增长较为明显。鄂州市身为湖北省重要的工业城市，其 NO_2 污染也较为严重，而湖北省的西部地区，如神农架地区则相对较好。2007 年，湖北省 PM_{10} 污染较严重的城市集中分布在十堰市和黄石市连线以北，到 2012 年则集中分布在湖北省东南部地区，影响范围较广。荆州、襄阳、武汉等城市是湖北省 PM_{10} 常年污染较为严重的城市，2017 年仅十堰市、神农架及恩施市达标。湖北省各城市 $PM_{2.5}$ 污染较为严重，主要集中在武汉市、襄阳市、宜昌市及荆州市，2017 年仅有神农架地区达到国家二级标准。

碳市场对湖北省碳排放的空间分配有着较大的影响。湖北省碳市场作为中国七个碳交易试点之一，具有覆盖范围广、交易量大、涉及企业多、登记系统完善等特点，多项指标位居全国前列。湖北省碳市场于 2014 年 4 月 2 日开市，并率先跻身单日成交“亿吨俱乐部”，配额交易量与交易额长期居全国首位。2015 年，湖北省纳入碳交易企业的 CO_2 排放量占湖北省总排放量的 85% 以上。

7.3 CO_2 和大气污染物排放一体化清单

通过统计 2015 年纳入湖北省碳市场的企业的能源消费量和污染物信息，可以建立 CO_2 排放清单。SO_2、NO_x 数据则通过数据库直接获取，$PM_{2.5}$ 对于不同行业而言计算过程不同，电力、热电行业采用王圣等（2011）发表的《基于实测的燃煤电厂细颗粒物排放特性分析与研究》中提到的“粉尘排放量 ×0.46”计算；其他行业根据《大气细颗粒物一次源排放清单编制技术指南（试行）》提到的方式计算，该指南中未提到的则利用胡月琪等（2016）发表的《北京市典型燃烧源颗粒物排放水平与特征测试》中提到的“粉尘排放量 ×0.82”计算。

政策情景下，根据 IPCC 推荐的排放因子计算不同行业、不同企业的 CO_2 排放量。基准情景下，根据《湖北省 2015 年碳排放权配额分配方案》，电力、热力和水泥行业采用基准线法进行分配，在获取 2015 年产品产量数据的基础上得到 CO_2 排放数据；其他行业采用历史法获取 2012—2014 年企业能源消费数据，计算得到 CO_2 的排放数据。由于纳入碳市场 5% 左右的企业存在部分数据质量差等问题，在 CO_2 排放量计算时做了部分调整。如果企业初始配额比排放量低，配额量即为基准情景下的 CO_2 排放量，实际计算的 CO_2 排放量为政策情景下的 CO_2 排放量。如果初始配额比实际排放量高，则分 2 种情况：当初始配额减去交易量小于实际排放量时，基准情景下的 CO_2 排放量为实际排放量；当配额减去交易量大于实际排放量时，基准情景下的 CO_2 排放量为配额与交易量的差值。

基准情景下，污染物排放清单计算方法是，假设 2015 年交易前后企业的污染治理设施、工艺流程不发生变化，交易前的污染物排放仅与碳交易

政策相关，由于工厂所产生的 CO_2 排放和大气污染物排放同根同源，则

$$\frac{\text{交易前污染物排放量}}{\text{交易前 } CO_2 \text{ 排放量}}=\frac{\text{交易后污染物排放量}}{\text{交易后 } CO_2 \text{ 排放量}} \tag{5}$$

由式（5）可以得到交易前的污染物排放数据，也就是基准情景下的污染物排放量。

基准情景下，纳入碳市场的 163 家企业的 CO_2 排放量共计 2.06 亿 t，SO_2、NO_x、$PM_{2.5}$ 和 PM_{10} 的排放量分别为 27.71 万 t、24.92 万 t、12.67 万 t 和 13.75 万 t。政策情景下，纳入碳市场的 163 家企业的 CO_2 排放量为 2.05 亿 t，SO_2、NO_x、$PM_{2.5}$ 和 PM_{10} 的排放量分别为 27.04 万 t、23.63 万 t、12.22 万 t 和 13.31 万 t。

7.4 不同情景下的环境健康分析

根据湖北省共 7 200 多个网格点的分月污染物浓度，加总取平均值得到每个网格的年平均浓度，再求所有网格的平均值得到 2015 年 2 种情景下湖北省的污染物排放浓度。相比于基准情景，政策情景下湖北省 3 种大气污染物（SO_2、$PM_{2.5}$、PM_{10}）的年平均浓度有所下降，NO_x 浓度与基准情景持平。若不实施碳交易制度，湖北省 2015 年的 SO_2、NO_x、$PM_{2.5}$ 和 PM_{10} 浓度分别为 18.9 $\mu g/m^3$、29.4 $\mu g/m^3$、30.4 $\mu g/m^3$ 和 32.1 $\mu g/m^3$；若实施碳交易制度，湖北省 2015 年的 SO_2、NO_x、$PM_{2.5}$ 和 PM_{10} 浓度分别为 18.6 $\mu g/m^3$、29.2 $\mu g/m^3$、29.9 $\mu g/m^3$ 和 31.6 $\mu g/m^3$。从空间分布来看，2 种情景下污染物的整体分布趋势一致，污染物浓度高的区域在 2 种情景下的污染物浓度均高，浓度低的区域则污染物浓度均低。以武汉市为中心（包括鄂州市、孝感市等）的地区的污染物浓度最高，宜昌市和襄阳市的污染物浓度次之，湖北省其他区域的污染物浓度较低。

以 $PM_{2.5}$ 为例，碳交易前武汉市部分区域的 $PM_{2.5}$ 浓度为 100 ～ 200 $\mu g/m^3$，是湖北省 $PM_{2.5}$ 浓度最高的区域，碳交易后 $PM_{2.5}$ 浓度达到 100 ～ 200 $\mu g/m^3$ 的区域有所缩小，但其仍是湖北省 $PM_{2.5}$ 浓度最高的地区。鄂州、黄石和

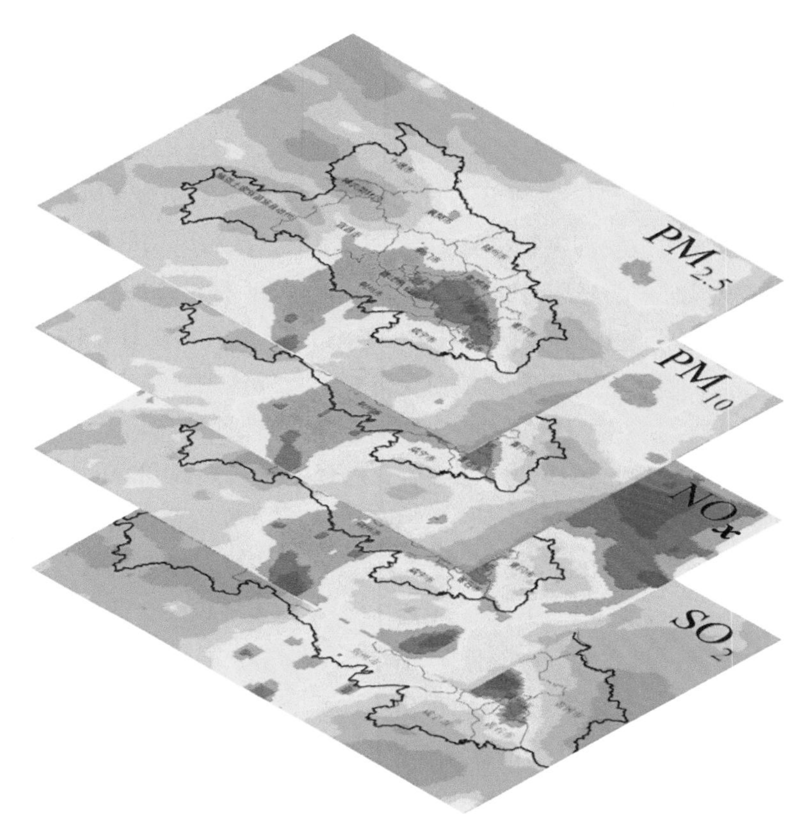

湖北省 2015 年 SO_2、NO_x、$PM_{2.5}$ 和 PM_{10} 年均浓度空间分布

孝感 3 个城市的大部分区域实施碳交易前后的 $PM_{2.5}$ 浓度也在 60 μg/m^3 以上。从人口分布来看，武汉城市圈是湖北省人口密度最大的区域，该区域的 $PM_{2.5}$ 浓度也较高，在碳交易前后的人均 $PM_{2.5}$ 暴露浓度皆为最高。

通过对每个网格点碳交易前后的 $PM_{2.5}$ 浓度进行对比分析，湖北省大部分区域碳交易后的 $PM_{2.5}$ 浓度与碳交易前相差不大，少数网格点碳交易后的 $PM_{2.5}$ 浓度反而高于碳交易前。从分布来看，碳交易后 $PM_{2.5}$ 浓度升高的网格点主要分布在宜昌市、武汉市和鄂州市。其中，武汉市部分网格点碳交易后的 $PM_{2.5}$ 浓度比碳交易前升高了 10 ～ 60 μg/m^3，该区域本底 $PM_{2.5}$ 浓度较高，对暴露人群产生的健康影响较大。

湖北省污染物排放源清单模拟了政策情景和基准情景下该省 2015 年 1 月、4 月、7 月、10 月的空气质量状况。为了验证模型的准确性，利用空气质量站点数据来检验空气质量模型的模拟效果，共选取湖北省 42 个监测站点的监测数据进行模拟结果的对比验证。考虑到 $PM_{2.5}$、PM_{10} 是影响湖北省空气质量的主要污染物，且大气污染物中二次污染物的形成机制更为复杂，其模拟结果的好坏是验证模型模拟的重要指标，因此对 $PM_{2.5}$、PM_{10} 的模拟结果进行了验证。根据模拟结果与湖北省 2015 年 1 月、4 月、7 月、10 月 4 个月的污染物浓度数据的对比分析，可以认为已建立的空气质量模拟平台模拟结果较好，模拟数据与监测数据的一致性较高。

在健康影响评价模块，大部分研究选择用早逝人数和寿命损失年作为衡量健康影响的参数，也有一些研究仅使用 $PM_{2.5}$ 等污染物的浓度变化来衡量其对健康的影响（Rao et al.，2013）。$PM_{2.5}$ 是与人体健康关系最密切的污染物（Dockery et al.，1993），由于粒径小、表面积大、活性强、易附带有毒有害物质，且在大气中的停留时间长、输送距离远，比 PM_{10} 对人体健康的影响更大，造成的疾病负担也更为严重（曾强，2015）。短期（几小时）暴露于高 $PM_{2.5}$ 浓度下可诱发心律失常、心肌梗死、心肌缺血、心力衰竭、中风、外周动脉疾病恶化和猝死，长期暴露将增加高血压和全身性动脉粥样硬化等多种心血管疾病的风险（Crouse et al.，2015）。Hargroves 等（2018）计算出 $PM_{2.5}$ 污染为 2015 年全球第五大致死因素，其致死人数占全球总死亡人数的 7.6%。Lelieveld 等（2015）建立的模型分析表明，$PM_{2.5}$ 每年会导致全球 330 万人提前死亡，且该数据可能在 2050 年前翻倍。考虑到用不同污染物同时评价同一区域容易造成健康效应的重复计算，因此本研究选择了国内外研究中与人体健康关系最密切的大气污染物 $PM_{2.5}$ 来进行人群健康的风险评估研究。

7.5 碳市场环境健康影响分析

本研究共涉及湖北省 163 家企业，根据模型模拟结果发现，有近半数的企业在碳交易后大气污染物排放量有所增加，其中有 13 家企业大气污染物排放的增加量超过 100 万 t。由于此类企业在碳市场中是购买者，所以大气污染物排放也会相应增加，这些企业主要来自钢铁、能源、化工和水泥这四大行业。

钢铁行业虽只有 3 家企业的大气污染物排放量有所增加，但占据了增加量中的 80% 以上。除此之外，电力能源行业是碳交易后大气污染物排放量增加的企业数量（近 15 家）最多的行业，占据了大气污染物排放增加总量的约 12%，这些企业主要位于以武汉市老城区为中心的周边区域。统计数据显示，武汉市碳交易带来的大气污染物排放增加量占据总增加量的 90% 以上，这与其工业密集有着不可分割的关系。

研究还发现，武汉市大气污染物排放量增加的区域更加集中，主要是因为这些区域大多是以工业燃煤为主要能源的工业区域，其污染源比较固定。污染物增加的区域还辐射到了临近的鄂州市，受以武汉市为中心的工业经济带的影响，鄂州市发展的化工企业在碳交易后的大气污染物排放量有了较为显著的增加。此外，拥有较多的碳交易后大气污染物排放增加量的企业的城市为宜昌，该市是除武汉市以外大气污染物排放增加量第二大的城市，其化工产业、电力能源产业在其中发挥着主要作用。

从模型模拟的分析结果来看，与基准情景相比，政策情景下的污染物浓度在逐渐降低，根据计算，实施碳交易政策使 17 万人受益。但是在局部区域，购买碳配额的企业分布较为集中，如武汉市和宜昌市等部分区域，碳交易后的污染物浓度比交易前更高，说明处于这些网格点的人群因为碳交易的实施反而会受到更高浓度的污染物影响。

根据模型模拟结果，在碳交易后大气污染物浓度增加的区域主要分布在武汉市、宜昌市和鄂州市。鄂州市碳交易后污染物浓度增加的区域虽然范围相对较小，但由于紧靠武汉城市圈，$PM_{2.5}$ 浓度增加较多且人口较为密集，碳交易后早逝人数的增加值超过百人。宜昌市大气污染物浓度增加区域的范围仅次于武汉市，但其大气污染物浓度增加较少，早逝人数亦相对于武汉市较少。这是因为宜昌市大气污染物浓度增加的区域主要是化工园区，这类园区由于购买了碳配额，在碳交易后拥有了较高的碳排放量。武汉市大气污染物浓度增加的区域范围较大，且污染物浓度增加的程度高。

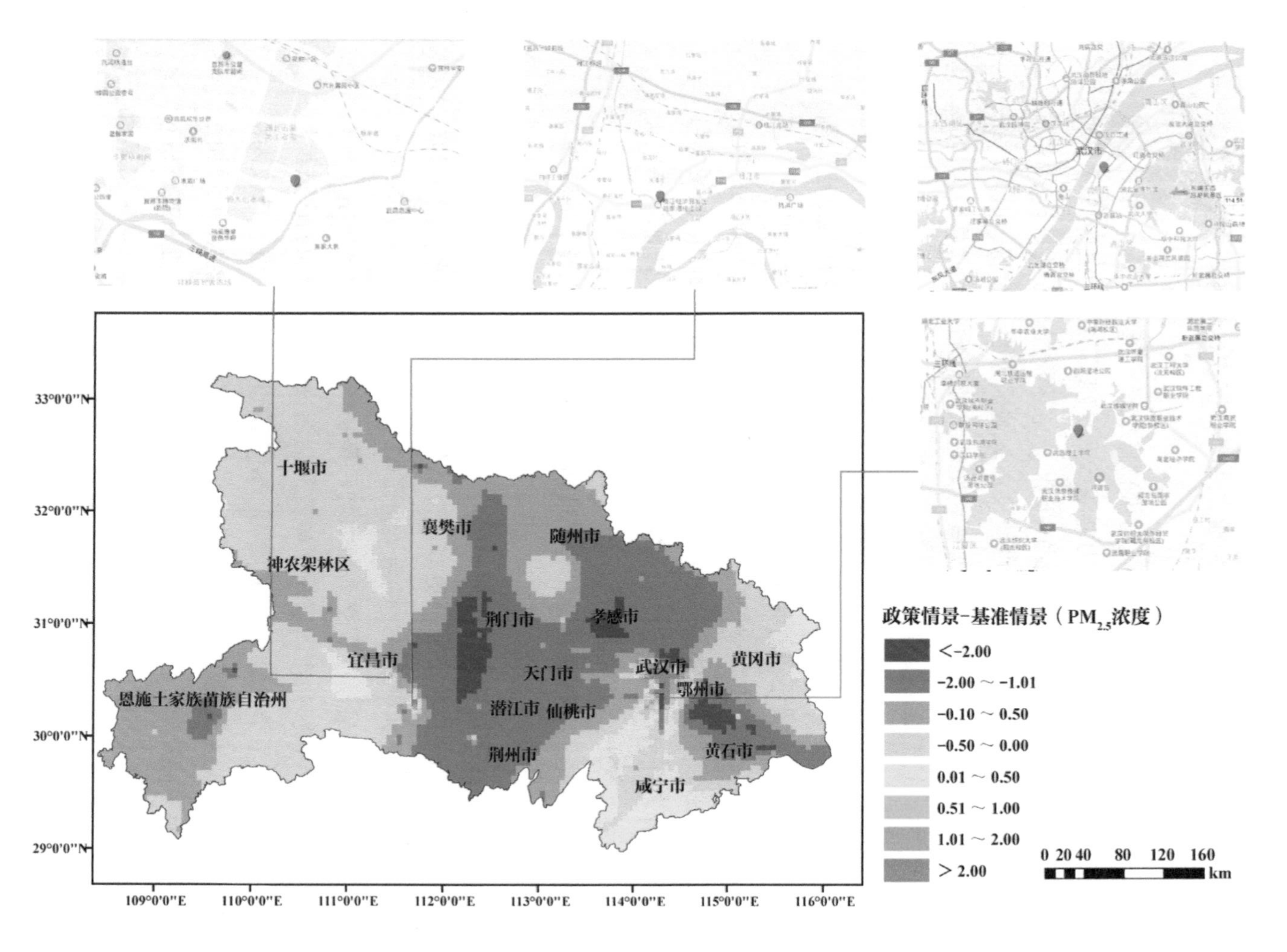

湖北省碳交易政策情景和基准情景比较

碳交易带来的大气污染物浓度增加导致的早逝人数在武汉市最多，约占早逝总人数的75%。究其原因，武汉市工业发展较早，随着城市快速扩张、人口增长，工业区位置由原来的旧城区边缘渐渐成为现在的中心地区，旧城区大多为重工业集聚区，围绕旧城区呈紧密型环状分布，且大多为发展较早、需要使用大量能源的行业，如钢铁、水泥等。通过碳市场购买配额获得更多碳排放权后，在碳排放与大气污染物的协同作用下，武汉市中心重工业集聚区的大气污染物浓度进一步升高，$PM_{2.5}$平均浓度上升严重，上升范围为10～60 $\mu g/m^3$。武汉市中心人口密度较高，相比其他区域暴露在高污染浓度大气环境下的人数更多，且大气污染物浓度更高，从而增加了居民早逝风险。结果也证明，武汉市暴露在碳交易带来的大气污染物浓度升高的环境下的早逝人数为湖北省内最高。

8 中国碳市场环境管理政策建议

建议 1：加强全国碳市场制度体系建设，完善监督执法和技术支撑体系

一是完善全国碳市场与地方碳市场制度的衔接。全国碳市场第一个履约周期已经结束，中国碳市场进入了新的发展阶段。由于全国碳市场是强制性市场，即重点排放单位被强制纳入履约，无法自主选择参与国家碳市场还是地方碳市场。已纳入全国碳市场的行业企业不再参与地方碳市场，同时中国也明确提出未来不再新增地方碳交易试点。由于全国碳市场与地方试点在企业类别、分配方法、交易制度、碳价格、时间节点、管理机制、处罚措施等多个方面存在差异，短期内地方碳交易试点与全国碳市场的衔接存在挑战。建议做好地方碳交易试点与全国碳市场的制度衔接，未来全国碳市场纳入钢铁、水泥等其他重点行业企业应充分借鉴地方碳市场的实践经验，同时应预防和规避地方碳试点暴露的问题。地方碳市场应立足区域自身实际状况与发展规划，结合本地区产业特色、经济发展方式，探索新的配额分配方法与 MRV 体系，灵活推进碳市场建设，为全国碳市场发展提供多维度实践经验与前瞻性实施建议。

二是编制执法手册，将问题分类与处罚措施标准化，加强地方一线执法人员碳排放相关能力建设。监督执法是保障碳市场平稳健康发展的有力措施，鉴于目前中国地方执法人员的碳排放、碳市场专业背景较浅，建议编制执法手册，指导地方碳排放监督执法工作。系统梳理总结全国碳市场首个履约周期暴露的典型问题，建立标准化问题清单并附相应的处罚处理措施，明确检查要点，简化检查流程，提高监督执法效率与实际可操作性。加强基层执法人员能力建设，组织多轮次碳市场监督执法工作培训，系统介绍碳排放核算方法、碳排放关键参数、碳配额分配原则、关键设备使用要点、核心问题及处罚措施，进一步提升执法人员的专业素养和监管水平。

三是组建碳交易答疑专家库，建立官方线上问答平台，打通问询渠道，形成长效问答机制。实际调研中发现，重点排放单位普遍反映对排放报告编制、关键参数检测、排放配额分配等关键问题把握不准，缺乏便捷的问询渠道，且不同渠道得到的答复往往不一致，给企业造成困扰。建议在全国范围内组建答疑专家库，建立官方线上答疑平台，面向重点排放单位、省级和地方生态环境主管部门、执法人员、核查机构等对象开放，对实施过程中遇到的种种细节问题予以官方解释。定期反馈热点问题，组织专家研讨，完善相关指南。

四是建立全国统一的碳市场信息平台，实现多平台间数据的互联互通，加强数据安全管理。当前，全国碳市场运营依托湖北碳排放权交易中心承担的全国碳排放权注册登记平台、上海环境能源交易所承担的全国碳交易系统账户开立和运行维护平台，以及生态环境部环境工程评估中心的碳排放数据报送平台，尚未建立全国统一的碳交易数据报送与交易平台。建议针对碳市场中多元化的数据要求建立全国统一的数据报送、登记注册与交易平台。通过梳理和调整碳排放数据统计口径和方法，建立全行业碳排放数据库，实现从数据采集、统计到核算的全链条管理。同时，耦合企业碳交易注册、登记、交易、履约等功能，实现数据互联互通，从而有效提升数据管理效率，降低管理成本。与此同时，强化碳市场信息平台数据在上传、下载和存储等过程中的网络信息安全。根据计算机基本架构，在应用层、传输层、网络层、数据链路和物理层采取不同的协议和加密方法，确保能够抵抗和避免各种网络攻击和窃取行为，确保上传和下载的文件数据的完整性、机密性和可用性。搭建高效可用的服务器，数据库根据需求设计不同的储存结构，确保大容量数据的储存和高效查询。

建议 2：加强对碳市场数据质量的管理，完善碳市场 MRV 体系

碳交易涉及多方责任主体，碳排放量核算与配额发放过程涉及大量参数与复杂计算，配额的分配与清缴与企业经济效益直接相关。全国碳市场首个履约周期暴露出核算、报告、核查、监管、履约等多类典型问题，涵盖企业排放报告造假、排放数据失真、煤质检测报告造假、核查报告质量低等问题，涉及重点排放单位、碳盘查机构、煤质检测机构、碳核查机构等多方责任主体。针对暴露出的主要问题，生态环境部于 2022 年 3 月公开通报了存在突出问题的 4 家碳市场参与机构，具体问题包括某咨询机构篡改伪造煤质检测报告中的送检日期、检测日期、报告日期、报告编号等重要信息，删除检测报告二维码，并指导企业虚报瞒报燃煤量、供热量、外购电等重要生产数据，制作虚假煤样，导致碳排放报告失真；某核查机构因工作流于形式、履职不到位、技术复核把关不到位导致核查报告质量低；

某煤质检测机构为排放企业出具虚假分月报告，帮助企业规避使用缺省值。

准确可靠的数据是碳市场有效规范运行的生命线，建立科学、真实、公平、完善的MRV体系是碳交易机制建设运营的根本要素，也是碳市场成败的关键。

一是加强对碳市场重点排放单位煤质化验室的管理与规范，强化对化验人员的资质认定，建立煤质化验数据全国管理平台。中国碳市场碳配额的发放与清缴依赖于统计核算，对于火力发电厂及其他燃煤工业企业，燃煤的低位发热量、元素碳含量、全水分、氢含量、硫分、飞灰含碳量、炉渣含碳量等煤质参数是核算重点排放单位碳排放量的核心。通过对纳入全国碳市场首个履约周期的多家企业的实际调研发现，除元素碳含量大多企业选择外部委托检测外，其他煤质参数几乎均依赖于企业内部实验室、化验室自行检测。煤质化验室是存在问题最多的点位，包括实验环境不达标、无化验室管理制度、仪器长期未校准、实验数据缺失、台账记录丢失、实验操作不规范、实验员无资质等，种种问题导致煤质检测结果较真实值存在偏差，甚至存在主观造假行为，影响碳排放核算结果的准确性与碳市场运行的公平性。鉴于当前阶段对企业内部煤质实验室、化验室缺乏监管的现实，建议逐步建立煤质检测数据全国管理平台，将全部重点排放单位逐日燃煤低位发热量、全水分、元素碳含量（若实测）、氢含量、硫分等化验结果由检测设备同步上传至管理平台，降低企业煤质参数造假的机会，进一步促进煤质参数可追溯、可核查。

二是加强对碳盘查、碳管家等第三方咨询机构的监管与处罚。如上所述，部分重点排放单位由于缺少碳数据核算、碳资产管理的经验和碳排放管理部门与相关专业人员，在纳入碳市场后不免持“恐慌”态度，将碳排放报告编制与碳排放管理工作全权委托第三方咨询机构。部分咨询机构存在对《企业温室气体排放报告核查指南（试行）》理解不深、人员能力不足等多种问题，碳排放报告编制质量较低，甚至受利益驱使将碳盘查业务同配额归属深度捆绑，参与交易过程并获得收益，严重扰乱了碳市场的健康发展。目前，中国碳市场管理处罚体系尚缺乏对第三方技术服务机构的监督管理和处罚依据，建议加强对第三方咨询机构的监督，加快出台相关法规体系，对咨询机构的违规违法行为进行处罚。

三是加强对碳市场第三方核查机构的监督管理，提高核查人员的责任意识与专业能力，以保证核查报告质量。碳核查是提升重点排放单位排放数据可信度、保障碳市场健康运转的重要环节，碳核查报告也是重点排放单位清缴配额的依据。中国碳市场首个履约周期内暴露出核查机构未严格按照《企业温室气体排放报告核查指南（试行）》履行核查职责、工作流于形式、核查结论可信度低等问题，降低了核查报告的真实性。建议进一步加强对第三方核查机构的监督管理，出台核查机构处罚制度。在全国范围内逐步推行第四方抽查机制，各省生态环境主管部门聘请第四方核查机构对第三方核查机构每年定期开展检查与评分。重点审核第三方核查机构是否按规定建立技术工作组、现场检查组，核查人员是否到位、核查流程是否完整、核查结论是否正确，组建专家评审团队对核查报告开展重点抽查，评估核查报告的质量。同时，建立评分指标体系对第三方核查机构工作进行评级，各省级主管部门每年将评级结果汇总到国家主管部门并向社会发布。对存在问题的核查机构予以警告、罚款，涉及主观弄虚作假的纳入黑名单，不再委托承担核查业务，违反法律的依法追究行政或刑事责任。碳排放核查工作流程复杂，涉及大量与碳排放、碳配额相关的重要参数与计算方法，需要核查人员具备较强的专业背景与专业素质。建议加强碳核查人员的专业能力建设，从事碳核查工作的人员需取得碳核查资格证书，并定期组织集中学习。此外，建议适当放宽现场核查的时间限制，保证核查质量。

建议 3：推动中国企业碳资产管理体系建设，鼓励企业积极开展碳信息披露

一是鼓励重点排放单位组建碳资产管理部门，承担碳排放数据管理、报告编制、体系建设、政策对接等职责。对于中国多数未开展碳交易试点省份的企业而言，碳交易仍是新兴事物，绝大多数企业尚未设立专门的碳排放管理部门，缺乏碳数据统计、碳排放核算、碳资产管理的专业人员。部分委托咨询机构协助编制碳排放报告的企业，无法对本企业碳排放报告的质量做出客观判断；自行编制排放报告的企业，则由于工作人员专业知识不足，对《企业温室气体排放报告核查指南（试行）》要求的核算边界把握不清晰、核算方法理解不到位，导致自行编制的排放报告质量较低，甚至误用缺省值造成企业经济损失。建议鼓励重点排放单位建立专门的碳排放管理部门，作为企业能耗数据统计、碳排放报告编制、碳减排体系建设、碳市场政策对接等相关工作的执行主体。力求有效实现企业碳资产集中管理，贯彻落实国家、省市、行业等不同层面碳市场政策制度与法律法规。同时，加强人员能力建设，定期组织集中学习，紧跟碳市场政策发展，培养一批碳管理人才。重点排放单位在机构、体制、人才和资金等方面应做好保障措施。

二是制定企业碳排放数据档案管理规定，建立碳交易信息披露机制。针对重点排放单位普遍存在碳排放数据管理混乱，部分关键参数缺失无法追溯等问题，建议企业制定碳排放数据管理规范，建立碳排放数据档案管理规定，细化碳排放管理档案内容、存档格式与保存时间。档案数据包括企业相关设备照片，生产日报表，煤质化验原始数据表，入炉煤采样、制样、交接样和存样记录，排放报告中的参考性文件，数据处理过程，专职管理人员信息等。同时，建议在全国碳排放管理平台上强制公开重点排放企业排放数据和清缴情况等，明确企业碳交易信息披露原则，包括重点排放单位设备运行状况、主要燃料类型、燃料消费量、配额清缴状况等相关信息，一旦发现数据弄虚作假的情况，公开披露相关单位责任人并追究责任。

建议 4：碳市场环境健康影响的评价体系

随着经济发展与资源环境矛盾的日益冲突，气候变化政策对环境健康的影响始终伴随政策实施的全过程，其环境健康效应的正负及影响程度受社会、经济和人口等诸多因素的影响，因此需要系统全面地评估气候政策的综合环境健康效应。对于中国而言，充分评估和发挥气候政策的环境改善作用对中国可持续发展非常重要。环境健康风险评价以风险度作为评价指标，把环境污染与人体健康联系起来，定量描述污染对人体健康产生危害的风险，分析对象为CO_2—污染物—环境质量—人群健康。建立一套碳市场环境健康影响的评价指标体系，并使用正确的评价方法进行计算，是对碳市场环境健康影响进行准确分析的重点，评价方法的选择是对碳市场环境健康影响进行准确分析的保障，评价指标的合理选择是对碳市场环境健康影响进行合理分析的基础。目前，环境健康评价的理论框架和技术路线已基本形成，但针对碳市场的环境健康评价还处在发展阶段。许多国家认识到碳市场环境健康评价的重要性，已通过制定法律法规等要求开展环境健康评价，但在具体实践过程中却存在很多不足，实际已经完成的环境影响评价文件中很少涉及健康风险的内容，尤其是如何量化碳市场的环境健康影响。在进行环境健康影响评价体系理论研究的同时，加强环境健康风险评价指标体系的应用研究也十分重要。

建议 5：出台相关政策，鼓励重点区域、重点行业卖出碳配额

根据本研究案例地区——湖北省碳市场的评估结果，湖北省主体功能区规划往往以经济发达地区为主，缺乏对生态环境的考虑，体现在城市的中心地区大力发展商业，而行政边界区域多为重工业，造成边界区域污染严重，在进行碳交易后这一现象更为明显。政策情景下，湖北省污染物浓度增加的区域均在城市边界，尤其是在武汉市辐射区域。美国加利福尼亚州考虑到这一情况，实行了碳限额交易，也就是对交易的额度有所限制，并且排放水平和额度每年都有所下降。因此，应充分评估由碳市场引发的环境效应，对高碳排放、高密集人口区域实行碳交易限额，避免因区域企业集中购买碳配额增加对居民健康的损害。在碳市场政策制定中也要充分考虑特定区域（如购买碳配额集中且人口密集的区域），通过实施功能区划或者设定碳限额等方式，避免因局部区域污染物排放增加导致环境恶化，进而影响人群健康。

本研究通过调研、走访和研讨等形式，多次分析和评估基于模型评估结果和情景分析得到的案例地区优化环境健康效应的政策措施的有效性。建议在碳市场制度优化的过程中，充分考虑碳交易带来的污染物排放空间转移问题。对于重点区域（人口高密度区）和重点企业（高排放企业），出台相关政策，鼓励企业自身减排和卖出配额，适当限制这类企业的配额购入，或者采取差别性定价，对这类企业买入和卖出的碳排放权采用不同的价格补贴或价格限制。

参考文献

包懿庆 . 碳排放交易配额分配制度的研究 [D]. 深圳：深圳大学 , 2017.

蔡博峰 . 中国城市二氧化碳排放空间特征及与二氧化硫协同治理分析 [J]. 中国能源 , 2012(7): 19, 33-37.

陈娜 , 连楠楠 . 价格视角下完善我国碳排放权市场的对策 [J]. 上海市经济管理干部学院学报 , 2020, 18(1): 28-37.

陈欣 , 张思聪 . 中国碳交易市场运行：交易特征、原因及对策分析 [J]. 经济研究导刊 , 2020(13): 142-144.

崔焕影 . 碳排放权配额分配与交易定价研究 [D]. 成都：西南交通大学 , 2018.

国际碳行动伙伴组织（ICAP）, 世界银行 , 德国国际合作机构 (GIZ), 等 . 碳排放权交易实践手册：设计与实施（第二版）. 2021.

胡东滨 , 彭丽娜 , 陈晓红 . 配额分配方式对不同区域碳交易市场运行效率影响研究 [J]. 科技管理研究 , 2018, 38(19): 240-246.

胡月琪 , 邬晓东 , 王琛 , 等 . 北京市典型燃烧源颗粒物排放水平与特征测试 [J]. 环境科学 , 2016, 37(5): 1653-1661.

黄鹂 . 基于生态环境建设的我国碳金融市场发展战略路径思考 [J]. 金融理论与实践 , 2013(1): 61-63.

蒋惠琴 , 张潇 , 俞银华 , 等 . 基于终端能源消费的中国工业部门碳排放权配额分配研究 [J]. 科技与经济 , 2020, 33(2): 6-10.

孔祥云 . 我国碳排放权交易定价机制研究 [D]. 天津：天津商业大学 , 2019.

李可隆 . 欧盟与湖北碳交易市场的互相关性：基于 MF-X-DMA 的研究 [J]. 中南财经政法大学学报 , 2020(1): 114-126

李旸 , 陈浩苗 . 环保政策对我国碳排放交易价格的影响研究 : 以湖北、广东和深圳碳排放交易试点为例 [J]. 国土资源科技管理 , 2018, 35(4): 106-115.

林宣佐 , 姜昱妃 . 我国碳排放权交易体系的立法现状及对策 [J]. 政策与商法研究 , 2019(2): 142-144.

刘汉武 , 黄锦鹏 , 张杲 , 等 . 中国试点碳市场与国家碳市场衔接的挑战与对策 [J]. 环境经济研究 , 2019(1): 123-130.

刘胜强，毛显强，胡涛，等．中国钢铁行业大气污染与温室气体协同控制路径研究 [J]. 环境科学与技术，2012, 35: 168-174.

刘宇，温丹辉，王毅，等．天津碳交易试点的经济环境影响评估研究：基于中国多区域一般均衡模型 Term CO_2[J]. 气候变化研究进展，2016, 12(6): 561-570.

路京京．中国碳排放交易价格的驱动因素与管理制度研究 [D]. 长春：吉林大学，2019.

马洪群，崔莲花．大气污染物（SO_2、NO_2）对中国居民健康效应影响的 Meta 分析 [J]. 职业与健康，2016, 32(8): 1038-1044.

裴彦婧．碳交易市场对山西省经济 - 能源 - 环境影响研究：基于系统动力学的分析 [D]. 太原：山西大学，2018.

卿倩钰．碳排放权交易视角下企业环境绩效评价研究——以宝钢股份为例 [D]. 成都：西南财经大学，2019.

时佳瑞．基于 CGE 模型的中国能源环境政策影响研究 [D]. 北京：北京化工大学，2016.

时佳瑞，蔡海琳，汤铃，等．基于 CGE 模型的碳交易机制对我国经济环境影响研究 [J]. 中国管理科学，2015, 23(S1): 801-806.

孙振清，兰梓睿，唐娜．我国碳市场信息披露问题研究 [J]. 经济体制改革，2018(4): 31-26.

汪明月，李梦明，钟超．2013 年以来我国碳交易试点的碳排放权交易核查的发展进程及对策建议 [J]. 创新中国，2017, 13(8): 624-628.

王科，李思阳．中国碳市场回顾与展望（2022）[J]. 北京理工大学学报（社会科学版），2022, 24(2): 33-42.

王圣，朱法华，王慧敏，等．基于实测的燃煤电厂细颗粒物排放特性分析与研究 [J]. 环境科学学报，2011, 31(3): 630-635.

文胜蓝．我国碳排放交易第三方核查法律监管研究 [D]. 长沙：湖南师范大学，2018.

文思嘉，乔皎，吴铁，等．温室气体纳入配伍许可管理背景研析 [J]. 环境影响评价，2020, 42(3): 44-56.

吴洁，范英，夏炎，等．碳配额初始分配方式对我国省区宏观经济及行业竞争力的影响 [J]. 管理评论，2015, 27(12): 18-26.

武佳倩．基于 Agent 的碳交易机制设计及对经济与环境影响研究 [D]. 北京：北京化工大学，2015.

杨超，吴立军，李江风，等．公平视角下中国地区碳排放权分配研究 [J]. 资源科学，2019，41(10): 1801-1813.

易兰．碳市场建设路径研究：国际经验及对中国的启示 [J]. 气候变化研究进展，2019, 15(3): 232-245.

于天飞．碳排放权交易的市场研究 [D]. 南京：南京林业大学，2007.

曾强，李国星，张磊，等．大气污染对健康影响的疾病负担研究进展 [J]. 环境与健康杂志，2015, 32(1): 85-90.

张蓓蓓．我国碳交易市场现状及发展对策研究 [J]. 安徽科技学院学报，2016, 30(3): 88-91.

张浩，王志强，郭喆．国内外碳市场配额分配现状 [J]. 质量与认证，2021(8): 51-53.

张黎明．碳排放权交易研究 [D]. 长春：吉林大学，2018.

张丽欣，王峰，曾桉．欧盟与美国碳市场第三方核查机制研究及对中国的启示 [J]. 质量与认证，2019(2): 3.

张云．中国碳交易价格驱动因素研究：基于市场基本面与政策信息的双重视角 [J]. 社会科学辑刊，2018(1): 111-120.

赵晓丽，范春阳，王予希．基于修正人力资本法的北京市空气污染物健康损失评价 [J]. 中国人口·资源与环境，2014, 24(3): 169-176.

赵永斌，丛建辉，杨军，等．中国碳市场配额分配方法探索 [J]. 资源科学，2019, 41(5): 872-883.

中国能源中长期发展战略研究项目组．中国能源中长期（2030、2050）发展战略研究 [M]. 北京：科学出版社，2011.

周泽兴．我国碳排放交易监管法律制度研究 [D]. 大连：大连海事大学，2019.

朱潜挺，韩竞一，胡馨月，等．基于目标模式的省区部门碳配额分配研究：以北京市为例 [J]. 生态经济，2017, 33(4): 14-24.

Bell M L, Davis D L, Cifuentes L A, et al. Ancillary human health benefits of improved air quality resulting from climate change mitigation[J]. Environmental Health, 2008, 7(1): 1-18.

Boyce J K, Pastor M. Clearing the air: incorporating air quality and environmental justice into climate policy[J]. Climatic Change, 2013, 120(4): 801-814.

Boyce J K, Pastor M. Cooling the planet, clearing the air: climate policy, carbon pricing, and co-benefits[J]. Director, 2012, 503: 467-811.

Burnett R T, Pope III C A, Ezzati M, et al. An integrated risk function for estimating the global burden of disease attributable to ambient fine particulate matter exposure[J]. Environmental Health Perspect, 2014, 112(4): 1189-1195.

Burtraw D, Krupnick A, Palmer K, et al. Ancillary benefits of reduced air pollution in the US from moderate greenhouse gas mitigation policies in the electricity sector[J]. Journal of Environmental Economics and Management, 2003, 45(3): 650-673.

Cai B, Bo X, Zhang L, et al. Gearing carbon trading towards environmental co-benefits in China: measurement model and policy implications[J]. Global Environmental Change, 2016, 39: 275-284.

Chen Y, Lee H F, Wang K, et al. Synergy between virtual local air pollutants and greenhouse gases emissions embodied in China's international trade[J]. Journal of Resources and Ecology, 2017b, 8(6): 571-583.

Chen R, Samoli E, Wong C, et al. Associations between short-term exposure to nitrogen dioxide and mortality in 17 Chinese cities: the China air pollution and health effects study (CAPES)[J]. Environment International, 2012, 45: 32-38.

Cheng B, Dai H,Wang P, et al. Impacts of carbon trading scheme on air pollutant emissions in Guangdong Province of China[J]. Energy for Sustainable Development, 2015, 27: 174-185.

Crouse D L, Peters P A, Hystad P, et al. Ambient $PM_{2.5}$, O_3, and NO_2 exposures and associations with mortality over 16 years of follow-up in the Canadian Census Health and Environment Cohort (CanCHEC)[J]. Environmental Health Perspectives, 2015, 123(11): 1180-1186.

Dessus S, O'Connor D. Climate policy without tears CGE-based ancillary benefits estimates for Chile[J]. Environmental and Resource Economics, 2003, 25(3): 287-317.

Dong H, Dai H, Dong L, et al. Pursuing air pollutant co-benefits of CO_2 mitigation in China: a provincial leveled analysis[J]. Applied Energy, 2015, 144: 165-174.

Dockery D W, Pope C A, Xu X, et al. An association between air pollution and mortality in six US cities[J]. New England journal of medicine, 1993, 329(24): 1753-1759.

Driscoll C T, Buonocore J J, Levy J I, et al. US power plant carbon standards and clean air and health co-benefits[J]. Nature Climate Change, 2015(5), 535-540.

Ebenstein A, Fan M, Greenstone M, et al. New evidence on the impact of sustained exposure to air pollution on life expectancy from China's Huai River policy[J]. Proceedings of the National Academy of Sciences, 2017, 114(39): 10384-10389.

GEA. Global energy assessment-toward a sustainable future[M]. Cambridge, UK and New York, NY, USA, and the International Institute for Applied Systems Analysis: Cambridge University Press, 2012.

Gu A, Teng F, Feng X. Effects of pollution control measures on carbon emission reduction in China: evidence from the 11th and 12th Five-Year Plans[J]. Climate Policy, 2018, 18(2): 198-209.

Guo Y, Zeng H, Zheng R, et al. The association between lung cancer incidence and ambient air pollution in China: a spatiotemporal analysis[J]. Environmental Research, 2016, 144: 60-65.

Haines A, McMichael A J, Smith K R, et al. Public health benefits of strategies to reduce greenhouse-gas emissions: overview and implications for policy makers[J]. The Lancet, 2010, 374(9707): 2104-2114.

Harlan S L, Ruddell D M. Climate change and health in cities: impacts of heat and air pollution and potential co-benefits from mitigation and adaptation[J]. Current Opinion in Environmental Sustainability, 2011, 3(3): 126-134.

Hargroves C, Conley D, Gallina L, et al. Sustainable urban design co-benefits: role of EST in reducing air pollution and climate change mitigation[R]. Background paper for Eleventh Regional EST Forum in Asia, 2018.

He G, Fan M, Zhou M. The effect of air pollution on mortality in China: evidence from the 2008 Beijing Olympic Games[J]. Journal of Environmental Economics and Management, 2016, 79: 18-39.

Henriksen C B, Hussey K, Holm P E. Exploiting soil-management strategies for climate mitigation in the European Union: maximizing "Win–Win" Solutions across Policy Regimes[J]. Ecology and Society, 2011, 16(4): 22.

Holland S P. Spillovers from climate policy[R]. NBER Working Papers, 2010, 73(1): 79-91.

ICAP. Emissions Trading Worldwide: Status Report 2022[R]. Berlin: International Carbon Action Partnership, 2022.

ICAP. Emissions Trading Worldwide: Status Report 2021[R]. Berlin: International Carbon Action Partnership, 2021.

IPCC. Climate change 2014: mitigation of climate change. contribution of working group III to the fifth assessment report of the Intergovernmental Panel on Climate Change[M]. Cambridge, United Kingdom and New York, USA: Cambridge University

Press, 2014.

IPCC. IPCC second assessment report: climate change 1995[R]. IPCC, 1995.

IPCC. IPCC third assessment report: climate change 2001[R]. IPCC, 2001.

Jack D W, Kinney P L. Health co-benefits of climate mitigation in urban areas[J]. Current Opinion in Environmental Sustainability, 2010(2): 172-177.

Jotzo F, Löschel A. Emissions trading in China: emerging experiences and international lessons[J]. Energy Policy, 2014, 75: 3-8.

Klimont Z, Smith S J, Cofala J. The last decade of global anthropogenic sulfur dioxide 2000—2011 emissions[J]. Environmental Research Letters, 2013, 8(1): 014003.

Kobayashi Y, Santos J M, Mill J G, et al. Mortality risks due to long-term ambient sulphur dioxide exposure: large variability of relative risk in the literature[J]. Environmental Science and Pollution Research, 2020, 27(32): 1-10.

Koornneef J, Ramírez A, Turkenburg W, et al. The environmental impact and risk assessment of CO_2 capture, transport and storage：an evaluation of the knowledge base[J]. Progress in Energy and Combustion Science, 2012, 38(1): 62-86.

Kurt O K, Zhang J, Pinkerton K E. Pulmonary health effects of air pollution[J]. Current Opinion in Pulmonary Medicine, 2016, 22(2): 138.

Leinert S, Daly H, Hyde B, et al. Co-benefits? not always: quantifying the negative effect of a CO_2-reducing car taxation policy on NO_x emissions[J]. Energy Policy, 2013, 63: 1151-1159.

Lejano R P, Kan W S, Chau C C. The hidden disequities of carbon trading: carbon emissions, air toxics, and environmental justice[J]. Frontiers in Environmental Science, 2020(8): 593014.

Lelieveld J, Evans J S, Fnais M, et al. The contribution of outdoor air pollution sources to premature mortality on a global scale[J]. Nature, 2015, 525(7569): 367-371.

Li Y, Wang W, Kan H, Xu X, et al. Air quality and outpatient visits for asthma in adults during the 2008 Summer Olympic Games in Beijing[J]. Science of the Total Environment, 2010, 408(5): 1226-1227.

Li Z, Wang J, Che S. Synergistic effect of carbon trading scheme on carbon dioxide and atmospheric pollutants[J]. Sustainability, 2021, 13(10): 5403.

Liu J, Woodward R, Zhang Y. Has carbon emissions trading reduced $PM_{2.5}$ in China?[J]. Environmental Science & Technology, 2021, 55(10): 6631-6643.

Liu M, Huang Y, Ma Z, et al. Spatial and temporal trends in the mortality burden of air pollution in China: 2004-2012[J]. Environment International, 2017, 98: 75-81.

Liu X, Wang B, Du M, et al. Potential economic gains and emissions reduction on carbon emissions trading for China's large-scale thermal power plants[J]. Journal of Cleaner Production, 2018, 204: 247-257.

Mao X, Zeng A, Hu T, et al. Co-control of local air pollutants and CO_2 in the Chinese iron and steel industry[J]. Environmental Science & Technology, 2013, 47(21): 12002-12010.

MacKerron G J, Egerton C, Gaskell C, et al. Willingness to pay for carbon offset certification and co-benefits among (high) flying young adults in the UK[J]. Energy Policy, 2009, 37(4): 1372-1381.

Markandya A, Armstrong B G, Hales S, et al. Public health benefits of strategies to reduce greenhouse-gas emissions: low-carbon electricity generation[J]. The Lancet, 2009, 374(9706): 2006-2015.

Martino D, Prescott S. Epigenetics and prenatal influences on asthma and allergic airways disease. Chest, 2011, 139(3): 640-647.

Mohai P, Saha R. Reassessing racial and socioeconomic disparities in environmental justice research[J]. Demography, 2006, 43(2): 383-399.

Muller N Z. The design of optimal climate policy with air pollution co-benefits[J]. Resource and Energy Economics, 2012, 34(4): 696-722.

Mu Y, Evans S, Wang C, et al. How will sectoral coverage affect the efficiency of an emissions trading system? A CGE-based case study of China[J]. Applied Energy, 2018, 227: 403-414.

Nemet G F, Holloway T, Meier P. Implications of incorporating air-quality co-benefits into climate change policymaking[J]. Environmental Research Letters, 2010, 5(1): 014007.

Pastor M, Morello-Frosch R, Sadd J, et al. Risky business: cap-and-trade, public health, and environmental justice[J]. Urbanization and Sustainability, Human-Environment Interactions, 2013(3): 75-94.

Pearce D. The secondary benefits of greenhouse gas control[R]. Centre for Social and Economic Research on the Global Environment, 1992.

Pollock P H, Vittas M E. Who bears the burdens of environmental pollution? race, ethnicity, and environmental equity in Florida[J]. Social Science Quarterly, 1995, 76(2): 294-310.

Pope III C A. Epidemiology of fine particulate air pollution and human health: biologic mechanisms and who's at risk?[J]. Environmental Health Perspectives, 2000, 108(4): 713.

Rafaj P, Schöpp W, Russ P, et al. Co-benefits of post-2012 global climate mitigation policies[J]. Mitigation and Adaptation Strategies for Global Change, 2013, 18(6): 801-824.

Rao S, Pachauri S, Dentener F, et al. Better air for better health: forging synergies in policies for energy access, climate change and air pollution[J]. Global Environmental Change, 2013, 23(5): 1122-1130.

Rypdal K, Rive N, Åström S, et al. Nordic air quality co-benefits from European post-2012 climate policies[J]. Energy Policy, 2007, 35(12): 6309-6322.

Schucht S, Colette A, Rao S, et al. Moving towards ambitious climate policies: monetised health benefits from improved air quality could offset mitigation costs in Europe[J]. Environmental Science & Policy, 2015, 50: 252-269.

Sharon F, Dangour A D, Tara G, et al. Health and climate change 4. public health benefits of strategies to reduce greenhouse-gas emissions: food and agriculture[J]. The Lancet, 2009, 374(9706): 2016-2025.

Shindell D, Kuylenstierna J C, Vignati E, et al. Simultaneously mitigating near-term climate change and improving human health and food security[J]. Science, 2012, 335: 183-189.

Shrubsole C, Das P, Milner J, et al. A tale of two cities: comparison of impacts on CO_2 emissions, the indoor environment and health of home energy efficiency strategies in London and Milton Keynes[J]. Atmospheric Environment, 2015, 120: 100-108.

Smith K R, Jerrett M, Anderson H R, et al. Public health benefits of strategies to reduce greenhouse-gas emissions: health implications of short-lived greenhouse pollutants[J]. The Lancet, 2009, 374(9707): 2091-2103.

Sorrell S, Sijm J. Carbon trading in the policy mix[J]. Oxford Review of Economic Policy, 2003, 19(3): 420-437.

Thompson T M,Rausch S, Saari R K, et al. A systems approach to evaluating the air quality co-benefits of US carbon policies[J]. Nature Climate Change, 2014, 4(10): 917-923.

World Bank, Ecofys. State and Trends of Carbon Pricing 2015[R]. 2015.

United Nations Environment Programme (UNEP). Global environment outlook-5[M].

Malta: Progress Press Ltd., 2012.

Wang Q, Wang J, He M, et al. A county-level estimate of $PM_{2.5}$ related chronic mortality risk in China based on multi-model exposure data[J]. Environment International, 2018, 110: 105-112.

West J J, Smith S J, Silva R A, et al. Co-benefits of mitigating global greenhouse gas emissions for future air quality and human health[J]. Nature Climate Change, 2013, 3(10): 885-889.

Wittman H K, Caron C. Carbon offsets and inequality: social costs and co-benefits in Guatemala and Sri Lanka[J]. Society and Natural Resources, 2009, 22(8): 710-726.

Wong C M, Vichit-Vadakan N, Kan H, et al. Public health and air pollution in Asia (PAPA): a multicity study of short-term effects of air pollution on mortality[J]. Environmental Health Perspectives, 2008, 116(9): 1195.

Yan Y, Zhang X, Zhang J, et al. Emissions trading system (ETS) implementation and its collaborative governance effects on air pollution: the China story[J]. Energy Policy, 2020, 138: 111282.

Yang G, Wang Y, Zeng Y, et al. Rapid health transition in China, 1990-2010: findings from the Global Burden of Disease Study 2010[J]. the Lancet, 2013, 381(9882): 1987-2015.

Zhang D, Karplus V J, Cassisa C, et al. Emissions trading in China: progress and prospects[J]. Energy Policy, 2014, 75: 9-16.

Zhang J, Wang C. Co-benefits and additionality of the clean development mechanism: an empirical analysis[J]. Journal of Environmental Economics and Management, 2011a, 62(2): 140-154.

Zhang P, Dong G, Sun B, et al. Long-term exposure to ambient air pollution and mortality due to cardiovascular disease and cerebrovascular disease in Shenyang, China[J]. PloS one, 2011b, 6(6): 20827.

Zhang S, Li G, Tia L, et al. Short-term exposure to air pollution and morbidity of COPD and asthma in East Asian area: a systematic review and meta-analysis[J]. Environmental Research, 2016, 148: 15-23.

附件：典型企业调研[1]

[1] 出于对企业商业信息的保护，附件中所用的图片均非调研企业现场照片。

本书研究团队对电力、钢铁、建材、有色、化工、造纸等行业企业开展调研，调研时间为2018—2021年。近4年来，全国和地方在碳市场、减污降碳方面都陆续出台了很多具体政策，如提出“双碳”目标，“十四五”生态环境保护工作进入以降碳为重点战略方向、推动减污降碳协同增效、促进经济社会发展全面绿色转型、实现生态环境质量改善由量变到质变的关键时期，这些政策的出台也对企业的碳排放管理决策产生了影响。调研的企业中，有的既参与了地方碳市场，后来又被纳入了全国碳市场；有的仅参与了地方碳市场；有的只是开展了碳排放数据核查、报送工作，并未开展碳排放交易。调研企业具体情况总结如下：

1. 福建省某火电企业

该企业于2020年7月正式投产，有2台660 MW的超临界煤电机组，燃料类型为烟煤，设计煤耗为278 g/（kW·h），低于国家平均值［304 g/（kW·h）］。2020年共运行3 300小时，发电煤耗为288.5 g/（kW·h），处于行业先进水平。产生的污染物为SO_2、NO_x、粉尘，目前排放均达到超低排放标准，并已安装污染物在线监测设备——CEMS。该企业于2020年进入福建省碳市场，2021年进入全国碳市场，由于企业含碳量使用的是自身实测值，得到的碳排放量比配额低10%，在碳交易市场中是卖方，并由此获得了盈利。

该企业采用的供电工艺、设备都达到了国内先进水平。从保障能源供应的角度来看，该企业地位比较重要，尤其是2020年在福建省遇到干旱、水电供电不足的情况下，几乎满负荷生产，调峰地位凸显，之后逐渐转入电网辅助服务。未来该企业火电机组不会再增加，规划谋求绿色能源开发，主要是寻求光伏发电，尤其是屋顶光伏发电的条件。

2. 湖北省某火电企业

该企业共有3台机组，1台是亚临界机组（330 MW），另外2台是超临界机组（350 MW）。其主要的职能是城市供热和供电（包括居民和工业），每年发电4 500小时，供热占30%。由总部电力公司对该企业碳市场核算提供指导，交易的权限和建议由能源碳资产管理公司统一管理。该企业参与了湖北省碳市场和全国碳市场，从近几年的交易情况来看，其都是买方。

该企业的减排空间有限，对辅助设备的改造是其主要的CO_2减排手段，但是减排空间不大。超低排放虽然能够实现常规污染物（如SO_2、NO_x、颗粒物等）的减排，但是对CO_2减排没有效果。

3. 河北省某热电联产企业

该企业年运行时长为 7 000 小时左右，共有 5 个循环流化床锅炉、4 个供热机组，机组负荷一般为 80% 以上。2020 年，该企业的碳排放量为 100 万 t，在余热利用方面做了很多工作，整体热效率可达 90% 以上，余热利用占其总供热的 50%。通过余热利用，企业有效降低了能耗，实现了污染物和温室气体的协同利用。

该企业正推动完善将碳捕集技术列入未来的规划中，并对技术成本做了相应的测算，约为 300 元 /t。然而，在如何处理捕集后的 CO_2 方面仍存在一些问题，因此期待国家出台相关政策引导企业碳达峰的积极性。在使用可再生能源代替传统化石能源方面，由于可再生能源存在成本较高、供能不稳定、供能季节差异较大等问题，企业目前难以实施。

使用天然气发电可以有效降低烟气排放，但是会导致最终产品的价格提升，增加居民在消费电和热时的经济负担。采用地热发电虽然有利于协同减排，但由于地热收集装置工作效率极不稳定，且维修时间较长，因此企业难以长期应用该项发电措施。近年来，居民电、热消耗量的增加导致企业可能出现供热、供冷和供电不足的风险，因此希望通过增加发电锅炉来满足附近居民的需求，同时增加可能的供电区域。CO_2 减排不是通过政策"一刀切"就能完成的，该企业期待国家能够给出指标和引导，而不是仅提出必须采用的技术，同时要为能够达到指标的企业提供更多的机会或者优惠政策，以此进行鼓励。

4. 福建省某电炉炼钢企业

该企业是拥有高水平控冷、控轧自动化棒材生产线和 100 m/s 高速盘卷生产线等先进生产设备的钢材企业，采用短流程炼钢，以废钢作为主要原料，同时根据所生产钢材品种的不同，在入炉原料里面加入生铁、铁合金、焦炭、喷吹煤粉等其他成分。该企业的能源消耗主要是电力，用于电炉冶炼、铸造钢坯、热塑和轧制（建筑钢材）等生产环节，2020 年的用电量达到 2 亿 kW·h，占整个企业能源消耗的 90% 以上。企业被纳入福建省碳市场，每年参与福建省碳交易履约，2020 年是卖方。

该企业在节能减排方面采取了一系列措施：一是废钢的预热技术，利用烟气余热在隧道内将废钢加热；二是留钢技术，之前是将废钢熔化后的钢水全部外排，现在是将钢水预留一部分，这样可有效提高炉内温度，减少炉内再热时间；三是保温热塑技术，该技术可有效降低钢坯散热；四是生产线的升级改造，将原先的“揭盖”上下加料改为水平加料，这样不仅可以节省加料时间，而且能够减少炉内的散热；五是提高设备的运行率，以减少生产线的启停次数。

短流程炼钢与全流程炼钢生产相比，最大的优势是排放的“三废”和企业的环保压力、环保设备投入有所减少。因此，该企业希望国家给予更多的支持。

5. 河北省某水泥企业

该企业的建设规模为 4 000 t/d 新型干法熟料水泥生产线，有纯低温余热发电站工程，年产熟料 120 万 t，年处理污泥 140 t，目前正在建设飞灰处理生产线，同时正在考虑水泥窑协同处置医疗垃圾。在协同处置上的问题主要是，若无污泥处理，则单位 CO_2 排放量较低；若增加协同处置污泥，则增加了单位产品的 CO_2 排放量。协同处置对污泥有标准的添加量和填充量（主要受铬元素影响）要求，不会对产品产量造成影响。该企业有具体的减排措施，有能源内控指标和节能措施，如通过四通道、永磁电机、工艺改进等减少热损失等，预计在 2025 年前后实现碳达峰。

6. 湖北省某水泥企业

该企业有一条 4 200 t 新型钢化水泥窑生产线，不外卖熟料，自己生产、自己研磨，会掺烧矿渣、废渣（钢厂）、脱硫石膏（电厂）、熟石灰等。其排放的 NO_x 采用低氮燃烧设备处理，未来将采用 SNCR 继续降低排放值。2016—2017 年企业因配额不足需要在湖北省碳市场中购买配额。

近几年，该企业在 CO_2 减排中开展的工作包括窑温、喷嘴、富氧燃烧（节能）等，开展的碳资产管理工作包括生产经营改进、数据核查（环保）等。

该企业认为碳交易应该是全国性的，武汉市的水泥部分从其他省份运输进来，没有碳交易成本，这样就降低了湖北省本地企业在市场中的竞争力。其对建立统一碳市场的建议：一是建议延长湖北省碳市场的履约期时间，由于目前湖北省碳市场的履约期集中且交易时间较短，造成企业扎堆交易现象严重，因此建议适当延长交易时间，或按照行业区分交易时间，如每个行业轮流给予一个月的交易时间；二是数据要真实有效；三是建议全国碳配额基准线值设置统一标准，由于目前全国碳市场的行业基准线不一致，可能造成不公平问题，因此建议设置基准线统一；四是增加程序的透明度。

7. 福建省某水泥企业

该企业共有 2 条生产线，2 号线刚由之前的 2 500 t/d 生产能力升级为 4 500 t/d，1 号线产能为 2 500 t/d，原料主要为石灰石（来自自有矿山，使用比例约为 83%）、粉砂黏土（按 1∶1 比例添加）及铁粉（也有铜渣，含铁量为 50%）。1 号线为旧生产线，产能利用率为 85%；2 号线为新生产线产能利用率约 90%，符合整个水泥行业的产能利用率情况。

该企业用能主要为煤、电、油，用煤设备为燃煤窑炉，用电设备为整个生产过程中设备动力用电，用油主要在窑头点火环节。企业拥有 2 台余热回收利用锅炉，吨熟料用电量为 56kW·h，熟料煤耗为 109 kg/tec，熟料到水泥每吨用电约为 30kW·h。

该企业在协同减排方面做过尝试，在处理生活垃圾方面减排潜力仍有挖掘的空间，但是协同减排给企业带来的经济效益并不显著，需要政府给予政策和技术支持。近期该企业有扩大产能的规划，预计增加 40% 的碳排放量，但是目前的减排技术已经处于行业先进水平，未来在技术创新和能源替代方面需寻求减排空间。

8. 河北省某水泥企业

该企业有 2 条 2 000 t/d 的生产线和 2 条 4 000 t/d 的生产线，原料主要有石灰石、砂岩粉末、钢厂炉渣及综合固体废物，还有生活垃圾，因有一定的热值，可降低燃煤消耗量。此外，还有部分生物燃料，如秸秆、葡萄藤、树枝、村里的生物质燃料等。

该企业协同处置生活垃圾存在以下问题。一是发电厂的“抢货”问题，因为由企业自身处理垃圾会产生一定的费用，而发电厂可以以更低的价格来收购垃圾，这样就造成了水泥厂的垃圾货源减少。水泥企业不仅可以燃烧生活垃圾来代替煤以节约能源，还可以将燃烧后的废渣进行再次利用，即作为原料生产熟料；但是发电厂只能燃烧生活垃圾，无法将废渣进行再次利用，这样就造成了二次污染问题及能源的浪费。二是水泥生产有固定的停产期，频繁启停会造成窑炉的损伤，导致产能利用率的降低。每年在政府规定的停产期内，所有的水泥行业都要停产，这就造成了协同处置利用率高的企业的积极性降低。

企业在节能减排方面采取的主要措施如下：①节能节电措施方面，之

前在生料之前用球磨机，1 t 生料用电 27 ～ 28 kW·h，现在淘汰了球磨机，改用辊压机，1 t 生料用电 15 ～ 16 kW·h；②烧成方面，现改用篦冷机，热回收效率提高，风机用电量降低；③节能方面，研发新材料，用隔热材料、纳米绝热材料替换普通的硅酸钙板，有效降低了散热；④系统优化改造方面，降低了阻力，提高了换热效率；⑤脱硝方面，脱氮炉可将 NO_x 的浓度控制在 100 mg/t，未来将控制在 50 mg/t，有一定的节煤效果。

该企业计划在 2023 年或 2024 年实现碳达峰，为了实现碳减排制定了余热发电等措施。在协同处置方面，企业自身处理生活垃圾、固体废物等有一定的优势，可将所有的产品全部利用，且处理时温度较高，不产生其他污染。

9. 湖北省某玻璃企业

该企业 2009—2015 年使用天然气作为燃料，2016—2018 年使用乙烯焦油（含硫量通常比重油略低）作为生产原料。

湖北省碳市场采用历史法履约，2012—2014 年是基准年，采用天然气排放因子，与乙烯焦油相比排放因子相对较低，2015 年乙烯焦油采用燃料油排放因子。从 2015 年起，该企业在湖北省碳市场中一直是买方。

该企业认为，碳市场对其是一个约束而非发展机遇。一方面，生产原料换成乙烯焦油后，与湖北省其他玻璃企业相比，碳排放量相对较大；另一方面，目前已经没有减排空间，除非使用天然气（但是原料价格会导致企业亏损），在工艺方面目前采用了最先进的工艺，已经没有改进的空间了。

该企业近几年在 CO_2 减排中实施了窑温、喷嘴、富氧燃烧（节能）等节能减排措施，在碳管理方面成立了副总经理担任一把手的专项管理部门，未来如果碳配额购买占用资金过高，将通过专业碳排放管理部门来进行风险管理。在碳配额的分配体系中，该企业希望玻璃行业采用基准线法进行分配，而不是历史法，这样企业之间更加公平。

10. 福建省某陶瓷企业

该企业的主要产品为中高档瓷器、瓷面砖、外墙砖，现有 2 条生产线，产能利用率达 80%。该企业用能设备主要是窑炉，燃料为煤炭，转化为煤气后用于产品烧制。用能环节有两个，一是陶瓷烧制工序，二是产品干燥环节，前者用能为煤气，后者用余热进行产品干燥。

目前，该企业没有使用天然气作为燃料，主要原因是福建省的天然气成本较高，另外天然气不能稳定保障，窑炉的启动需要 1 ～ 7 天的时间，一旦供应不及时会造成企业经济损失。主要技改措施是，对原来分开的不同窑炉进行改造，合成三层叠置在一起，以减少热量损失，同时将窑炉余热用于产品干燥。

受限于原料和产品市场的缩小，该企业未来的产能不会大规模扩大。企业使用的原材料为陶土，原为无偿使用，后来政府限制资源开发，审批较难，目前原材料多从泉州市、漳州市、江西省采购，造成成本增加。企业产品主要供应给城镇化过程中农村安置房建设使用，由于中国城镇化速度减缓，近年来需求量减少。未来，企业计划转向生产高附加值产品，同时通过技改进一步实现节能降耗。

11. 福建省某有色企业

该企业拥有一条电解铝生产线及铝型材生产线，通过外购氧化铝、冰晶石和碳阳极等原料，基于氧化铝 - 冰晶石熔盐法生产铝液，并通过熔铸精炼、挤压成型和表面处理等工艺进一步生产各类铝型材。

该企业能源以电力为主，单位电解铝耗电量约为 1.3 万 kW·h/t。企业能源消费及生产常年保持稳定，电力 CO_2 排放量约占总排放量的 99.6%。

受电力来源及工业成熟度的影响，该企业进一步碳减排面临较大困难。该企业所在地区以火力发电为主，受地理位置、气候及生态保护的限制，核能、水力、风力等清洁能源发电受限，电力碳排放强度难以降低；同时，该企业电解铝技术基本成熟，进一步节能减排的空间有限。

12. 福建省某化工企业

该企业的主要产品为液体硅酸钠，属于无机盐制造业，产品主要供给炭黑生产企业作为生产原料（90% 份额）。硅酸钠（又称液体水玻璃）的生产原理为利用碳酸钠与石英石在高温下发生反应生产固体硅酸钠和 CO_2，因此产生的碳排放有两个来源，一是化石燃料（烟煤）燃烧，二是生产过程中产生的 CO_2 排放。

该企业自 2017 年以来对生产过程产生的余热进行了回收利用，有效提高了能源利用效率，实现了节能减排。具体做法是，在原生产设备中增加余热回收装置，硅酸钠生产过程的反应温度高达 1 500℃，烟气余热达到 300℃，若回收的热量再次用于生产，每天可节约 7 tce。

该企业 2019 年产品的碳排放强度比 2018 年下降了 18.7%。在技术措施方面，企业的节能减排空间非常有限。液体硅酸钠作为白炭黑的主要生产原料，其发展受采购商的影响，与白炭黑的生产需求密切相关。从行业发展前景来看，目前白炭黑在国内市场已经达到饱和，未来企业可能会缩减产能，发展高附加值产品。

13. 湖北省某造纸企业

该企业的能耗主要是电，其次为蒸汽和天然气，蒸汽用来烘干，天然气（8 000 ～ 9 000 m^3/d）主要用来辅助干燥。节能改造方面，该企业对电机进行了变频改造，共改造了 148 台，目前大功率电机已经改造完毕。

碳市场对该企业起到倒逼作用。针对 CO_2 减排空间问题，该企业认为提高节能水平空间有限，没有在生产线方面进行节能改造，大功率电机已全部进行变频改造，特种纸单位产品能耗为 245 kgce/t 纸，生活用纸单位产品能耗为 330 kgce/t 纸，达到国家能耗先进值。未来可通过提高管理水平、执行标准制度、开展“跑冒滴漏”的管理等方式实现减排。